普通高等教育“十四五”系列教材

机械制造技术与装备实验指导

主编　邓煌　舒嵘

中国水利水电出版社
www.waterpub.com.cn
·北京·

内 容 提 要

本书主要介绍“机械制造技术”“机械制造装备”课程的10个配套实验，包括7个综合性实验和3个验证性实验。本书语言简练、图文并茂，便于放手让学生自己做实验，培养学生自己动手做实验的能力。

本书主要作为普通高等院校机械设计制造及其自动化、飞行器制造工程、工业工程等相关专业“机械制造技术”“机械制造装备”课程的实验教材，也可供其他专业相关课程实验参考。

图书在版编目（CIP）数据

机械制造技术与装备实验指导 / 邓煌，舒嵘主编. -- 北京 : 中国水利水电出版社，2022.12
普通高等教育“十四五”系列教材
ISBN 978-7-5226-1350-5

Ⅰ. ①机… Ⅱ. ①邓… ②舒… Ⅲ. ①机械制造工艺－高等学校－教材 Ⅳ. ①TH16

中国国家版本馆CIP数据核字(2023)第007604号

策划编辑：陈红华　　责任编辑：王玉梅　　封面设计：梁　燕

书　　名	普通高等教育“十四五”系列教材 机械制造技术与装备实验指导 JIXIE ZHIZAO JISHU YU ZHUANGBEI SHIYAN ZHIDAO
作　　者	主编　邓煌　舒嵘
出版发行	中国水利水电出版社 （北京市海淀区玉渊潭南路1号D座　100038） 网址：www.waterpub.com.cn E-mail：mchannel@263.net（答疑） sales@mwr.gov.cn 电话：（010）68545888（营销中心）、82562819（组稿）
经　　售	北京科水图书销售有限公司 电话：（010）68545874、63202643 全国各地新华书店和相关出版物销售网点
排　　版	北京万水电子信息有限公司
印　　刷	三河市德贤弘印务有限公司
规　　格	184mm×260mm　16开本　6.5印张　166千字
版　　次	2022年12月第1版　2022年12月第1次印刷
印　　数	0001—2000册
定　　价	21.00元

前　　言

在“机械制造技术”“机械制造装备”课程的教学改革中，针对实践性教学环节的改进，尤其是实验教学内容与方法的改进，是非常重要的。课程实验贯穿教学的全过程，对学生建立科学的实验思路、认识先进的实验装置和掌握科学的实验方法等，具有不可替代的作用。在课程实验改革中，很重要的一点是创新，即创建具有高新技术水平的、采用计算机处理的，同时又能揭示课程内容所阐述的基本原理的、现代化的教学实验。这样的实验系统，可以放手让学生自己做实验，改变传统的只看不做的方式，培养学生自己动手做实验的能力。

“机械制造技术”“机械制造装备”是对机械制造学科所有本科生开设的技术基础课程，是将原“机械制造工艺学”“金属切削原理与刀具”“金属切削机床”“机床夹具”和“金属工艺学”等课程的基本内容及先进制造技术整合而形成的新课程。自课程开设以来，教学效果良好，师生满意。为进一步提高课程教学质量，满足创新课程实验和进行教学信息化建设的要求，我们对原有的实验进行了补充和改进。现开设以下实验：数控车床结构分析及基本操作（综合性实验）；刀具几何角度测量（验证性实验）；加工误差的统计分析（综合性实验）；切削力测量（综合性实验）；数控铣床结构分析及基本操作（综合性实验）；滚齿机的调整（验证性实验）；刀具现场课（综合性实验）；数控刀具的认识及选用（综合性实验）；典型夹具的定位与夹紧分析（验证性实验）；组合夹具拼装设计（综合性实验）。

本书由南昌航空大学邓煌、舒嵘主编，得到了南昌航空大学教材建设基金资助，在此表示衷心的感谢。

编　者

2022 年 9 月

目　　录

实验一　数控车床结构分析及基本操作

一、实验目的

1．熟悉数控车床基础知识。

2．了解数控车床加工程序的组成与编程步骤。

3．熟悉 FANUC 0i-TC 数控系统及数控机床的操作面板。

4．掌握数控车床常规操作方法，重点学习数控车床回零操作、工件坐标系设定、程序输入与编辑、模拟加工等操作。

二、实验设备

1．数控车床：规格 CAK6150。

2．各种规格的数控车刀等。

三、实验内容

1．熟悉数控车床结构、操作面板的功能。

2．掌握数控程序输入、修改简单程序的方法。

四、基础知识

1．数控车床的特点与组成

本实验用数控车床规格型号是 CAK6150 卧式数控车床（图 1.1），该车床由沈阳数控机床有限责任公司生产，机电一体化设计、外形美观、结构合理、用途广泛、操作方便，采用 FANUC 0i-TC 数控系统，可自动完成车削多种零件内外圆、端面、切槽、任意锥面、球面及各种公英制圆柱、圆锥螺纹等工序，并配有完备的 S、T、M 功能，可以发生和接收多种信号，控制自动加工过程。

图 1.1　CAK6150 数控车床

数控车床一般由床身、主轴箱、刀架、进给传动系统、液压系统、冷却系统及润滑系统等部分组成。

2. CAK6150数控车床主要技术参数（表 1.1）

表 1.1 CAK6150数控车床主要技术参数

参数	单位	参数值
导轨跨度	mm	400
最大工件长度	mm	1000/1500
最大车削长度	mm	850/1350
滑板上回转直径	mm	280
卡盘形式（手动）	mm	250
主轴通孔直径	mm	82
刀架转位重复定位精度	mm	0.008"
X 轴行程	mm	250
主轴转速挡位	mm	三挡 150-1400
工件精度		IT6-IT7
工件表面粗糙度	μm	Ra1.6
尾台套筒直径/行程	mm	75/150
尾座孔锥度		莫氏 5 号
刀架形式		立式四工位
电机功率	kW	7.5
床身最大回转直径	mm	500

3. 机床坐标系

CAK6150 数控车床可联动 *X*、*Z* 两个坐标轴，符合国际通用标准的笛卡儿右手直角坐标系。即：三个坐标轴 *X*、*Y*、*Z* 互相垂直，各坐标轴的方向符合右手法则。大拇指的方向为 *X* 轴正方向，食指为 *Y* 轴正方向，中指为 *Z* 轴正方向。数控机床永远假定工件静止而刀具运动，同时规定坐标轴的正方向总是指向增大工件与刀具之间距离的方向。

Z 轴：为主轴回转轴线，向右远离工件方向为正方向，即纵向。

X 轴：数控车床 *X* 轴为径向水平线，向外为正方向，即横向。

4. FANUC 0i-TC 数控系统控制面板

数控车床的各种功能可以通过控制面板上的 CRT/MDI 键盘操作得以实现。机床配备的数控系统不同，其 CRT/MDI 控制面板的形式也不相同。CAK6150 数控铣床配备 FANUC 0i-TC 数控系统，CRT/MDI 控制面板如图 1.2 所示。下面介绍常用的控制键用法。

（1）功能键。

【POS】键：位置显示键。在 CRT 上显示机床现在的位置。

【PROG】键：程序键。在机床控制面板“编辑模式”下，编辑和显示内存程序，显示 MDI 数据。

【OFS/SET】键：菜单设置键。刀具偏置数值的显示和设定。

【SYSTEM】键：参数设置键。设置数控系统参数。

【MESSAGE】键：报警显示键。按此键显示报警号及报警提示。

【CSTM/GR】键：图像显示键。

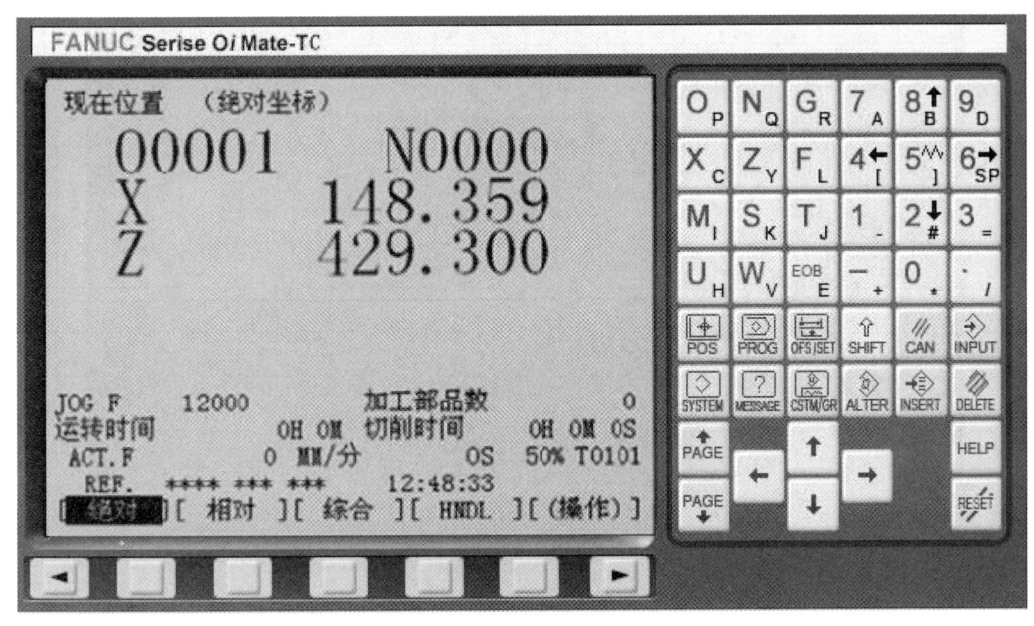

图 1.2　FANUC 0i-TC 数控系统 CRT/MDI 面板

（2）数字/地址键。

数字/地址键用来输入英文字母、数字及符号。常用功能如下：G、M——指令；F——进给量；S——主轴转速；X、Y、Z——坐标；I、J、K——圆弧的圆心坐标；R——圆弧半径；T——刀具号或换刀指令；O——程序名；N——程序段号；0～9——数字；【EOB】—程序段结束键等（又称程序段输入键、确认键、回车键）。

（3）编辑键。

【ALTER】键：修改键。在程序当前光标位置修改指令代码。

【INSERT】键：插入键。在程序当前光标位置插入指令代码。

【DELETE】键：数据、程序段删除键。

【CAN】取消键：按下此键，删除上一个输入的字符。

（4）复位键。

【RESET】复位键：按下此键，复位数控系统。

（5）换页及光标移动键。

【PAGE】界面变换键：用于在 CRT 屏幕选择不同的界面。↑：向前变换界面。↓：向后变换界面。

光标移动键：用于在 CRT 界面上一步步移动光标。↑：向前移动光标。↓：向后移动光标。

（6）屏幕下端的软键。

软键即子功能键，其含义显示于当前屏幕上对应软键的位置，随主功能状态不同而各异。在某个主功能下可能有若干子功能，子功能往往以软键形式存在。

5. 机床控制面板

CAK6150 数控车床的控制面板是中文的面板，如图 1.3 所示。

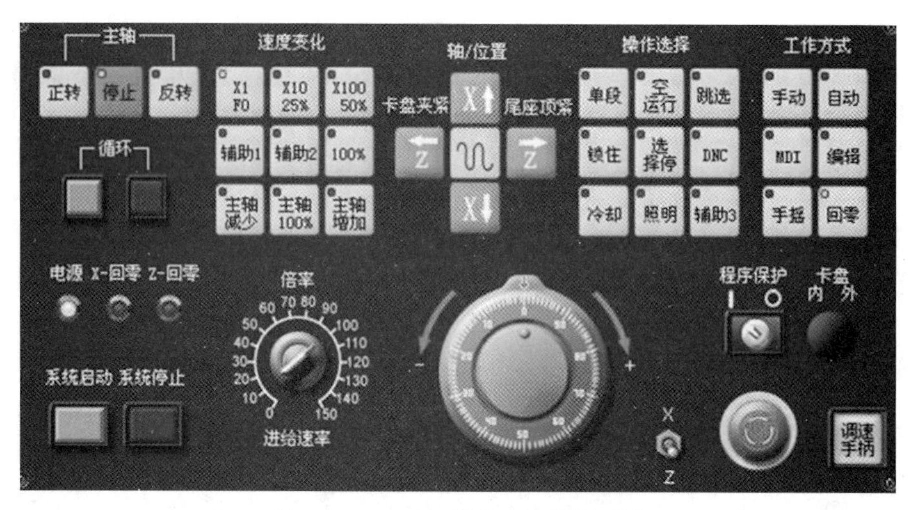

图 1.3 CAK6150 数控车床控制面板

（1）“工作方式”软键。

“手动”键：手动断续进给模式。

“自动”键：自动加工模式。

【MDI】：手动数据输入模式。

“编辑”键：程序编辑模式。

“手摇”键：允许手摇移动 *X*、*Z* 轴。

“回零”键：返回机床参考点模式。

（2）“速度变化”软键：用目前的设定速度乘上倍率得到实际主轴转速。

（3）“倍率”调节旋钮：用目前的进给速度乘上倍率得到实际进给速度。

（4）其他功能软键及旋钮。

“轴/位置”软键：手动进给轴和方向选择软键。在手动、手摇运行模式时，选择手动进给轴和方向。

“系统启动”“系统停止”按键：系统电源按钮。按下白键接通系统电源，按下红键断开系统电源。

红色“急停”按钮：当出现紧急情况时，按下此按钮，伺服进给及主轴运转立即停止工作。

6. 数控代码规范

（1）数控程序结构。

数控程序由各个程序段组成，每个程序段执行一个加工步骤。程序段由若干个字组成，字由地址符和数值组成，地址符必须用大写字母，最后一个程序段包含程序结束符 M02 或 M30。目前常用的是字地址可变程序段格式。

（2）数控指令。

数控指令包括准备功能指令（G 功能）、辅助功能指令（M 功能）、刀具功能指令（T 功能）、主轴功能指令（S 功能）、进给功能指令（F 功能）。常用指令如下：

G00——快速移动，模态，例如：G00X40Z50。

G01——直线插补，模态，例如：G01X40Z-30。

G02——顺时针圆弧插补，模态，例如：G02X40Z10R10。

G03——逆时针圆弧插补，模态，例如：G03X40Z10I10K10。

G04——暂停，单位毫秒，例如：G04P200。

G18 ZX——平面选择，数控车床默认。

G21——米制单位设定，默认。

G41/G42/G40——刀尖半径左补偿/刀尖半径右补偿/刀尖半径补偿取消。

G54～G59——第一工件坐标系至第六工件坐标系指定。

G32——单行程螺纹切削，例如：G32Z-10F1.5。

G92——螺纹切削固定循环，例如：G92X32Z-20F1.5。

G76——螺纹切削连续循环，例如：G76X50Z-20P3.68Q1.2F3。

G90——外圆车削固定循环，例如：G90X20Z-20F80。

G94——端面车削固定循环，例如：G94X20Z-20I-2F80。

G71——外圆粗车连续循环，例如：G71U2R0.2；G71P50Q150U0.5W0.25F300。

G72——端面粗车连续循环，例如：G72U2R0.2；G72P50Q150U0.5W0.25F300。

G70——精车循环，例如：G70P50Q150F500。

G94——进给率 F，单位 mm/min。

G95——进给率 F，单位 mm/r。

M00——程序停止。

M02——程序结束。

M03——主轴顺时针旋转。

M04——主轴逆时针旋转。

M05——主轴停止。

M08——冷却液打开。

M09——冷却液关闭。

M06——更换刀具，例如：T1M06。

M30——程序结束并返回。

M98——调用子程序，例如：M98L2008P3（调用 O2008 子程序 3 次）。

M99——子程序结束。

7. 数控车床的基本操作说明

（1）开机与关机操作。

在机床主电源开关接通之前，操作者必须对机床的防护门等是否关闭、卡盘的夹持方向是否正确和油标的液面位置是否符合要求等进行安全检查。

合上机床主电源开关，机床工作灯亮，冷却风扇启动，润滑泵、液压泵启动，按下控制面板上的电源启动按钮键，CRT 显示器上出现机床的初始位置坐标，检查机床总压力表显示压力是否正常。

（2）手动连续进给及断续进给。

1）手动断续进给操作步骤如下：

在“工作方式”里按下“手摇”键，进入断续进给方式，并设置进给步长。

在“倍率”旋钮开关选择合适的点动进给速率。

在“轴/位置”里选择 X 或 Z 软键，可以移动坐标轴；根据坐标轴运动的方向，按正方向或负方向按钮，各坐标便可实现点动进给。点动状态下，每按一次坐标进给键，进给部件移动一段距离。

2）手动连续进给操作步骤如下：

在“工作方式”里按下“手动”键，选择运动轴，按正方向或负方向按钮，运动部件便在相应的坐标方向上连续运动，直到按钮松开时坐标轴才停止运动。

（3）刀架的转位。

装卸刀具、测量切削刀具的位置以及对工件进行试切削时，都要靠手动操作实现刀架的转位。其操作步骤如下：

在“工作方式”里按下 MDI 键，在程序界面输入“T6;”，按下“系统启动”按键，则回转刀架上的刀台顺时针转动到指定的刀位。

（4）主轴手动操作。

自动运行时主轴的转速、转向等均可在程序中用 S 功能和 M 功能指定。手动操作时要使主轴启动，必须用 MDI 方式设定主轴转速。

在“工作方式”处于“手动”键按下时，可手动控制主轴的正转、反转和停止。选择“倍率”旋钮，可对主轴转速进行倍率修调。

（5）自动运行操作。

机床的自动运行也称为机床的自动循环，自动运行前必须使各坐标轴返回参考点，并有结构完整的数控程序。

在“工作方式”里按下“自动”键，屏幕进入自动运行方式：按程序键 PROG，屏幕显示数控程序；按光标移动键，光标移动至被选程序的程序头；按下“启动”键，则自动操作开始执行。

（6）程序的输入和编辑。

当输入、编辑、检索程序时，需将“程序保护”开关打开，并在“工作方式”里按下“编辑”键，显示模式置于 PROG 程序状态。

程序新建：键入程序名，按 INSERT 完成程序新建。

程序调入：键入程序名，按 INPUT 完成程序调入。

程序输入：键入程序单元，按 INSERT 完成输入确认，按 EOB 程序段换行。

程序编辑：按替换键 ALTER、删除键 DELETE、取消键 CAN 等完成程序的修改编辑。

8. 数控车床操作步骤

（1）开机。

开机一般是先开机床再开系统，机床不通电就不能在 CRT 上显示信息。

（2）调加工程序。

若是简单程序，可直接采用键盘在系统控制面板上输入，若程序非常简单且只加工一件且程序没有保存的必要，采用 MDI 方式输入，外部程序通过 DNC 方式输入数控系统内存。

（3）程序编辑。

输入的程序若需要修改，则要进行编辑操作。此时，将方式选择开关置于编辑位置，利用编辑键进行增加、删除、更改。编辑后的程序必须保存后方能运行。

（4）空运行校验。

机床锁住，运行程序。此步骤是对程序进行检查，若有错误，则需重新进行编辑。

（5）对刀并设定工件坐标系。

采用手动进给移动机床，使车刀刀尖位于工件外圆母线与端面交点处，测量该点直径，以程序原点与工件原点重合（这点也是对刀点）为原则将 X、Z 偏置值输入系统。

（6）自动加工。

加工中可以按进给保持按钮，暂停进给运动，观察加工情况或进行手工测量，再按下循环启动按钮，即可恢复加工。

（7）关机。

一般应先关闭数控系统，最后关闭机床电源。

9. 数控车床操作过程中的注意事项

（1）开机前操作者必须检查卡盘的夹持方向是否正确、润滑装置上油标的液面位置是否符合要求和切削液面是否充裕。

（2）开机、关机操作应按照机床使用说明书的规定进行。

（3）机床在掉电后重新接通电源开关或在解除急停状态、超程报警信号后，必须进行返回机床参考点操作。

（4）主轴启动开始切削前必须关闭机床防护门，程序正常运行时严禁开启防护门。

（5）正常加工运行时不得开启电气箱门，禁止使用急停、复位操作。

（6）编程时要仔细计算换刀点、Z 轴负向等坐标，防止加工中刀具与卡盘或工件碰撞，造成机床损坏。

（7）卡盘扳手使用完毕应立即从卡盘拿开。保证牢固装夹工件和刀具。

（8）车床床头箱上禁止放置游标卡尺、工具等物，以免震动落下造成事故。

实 验 报 告

二〇　　年　　月　　日

实验名称：数控车床结构分析及基本操作

班级：________　姓名：________　同组人：________

指导教师评定：________　签名：________

一、实验目的：

二、实验原理：

三、实验设备：

四、实验步骤：

五、思考与讨论：

1．简述数控车床坐标轴的确定方法，并画出 CAK6150 数控车床的坐标系。

2．说明 FANUC 0i-TC 数控系统控制面板及其主要按键旋钮的功能。

3．数控车床常用指令有哪些？按照准备功能、辅助功能、刀具功能、主轴功能、进给功能分别说明指令的含义和规范。

4．画出你所加工零件的零件图，并完整编制数控程序。

实验二　刀具几何角度测量

一、实验目的

1．熟悉几种常用车刀（外圆车刀、端面车刀、切断刀）的几何形状，分别指出刀具的前刀面、主后刀面、副后刀面、主切削刃、副切削刃和刀尖。

2．掌握车刀标注角度的参考平面、静止坐标系及车刀标注角度的定义。

3．掌握量角台的使用方法。

4．通过车刀角度的具体测量，进一步掌握车刀角度的概念，为学习其他各类刀具打好基础。

二、实验设备

1．刀具：外圆车刀（45°）、端面车刀（90°）、切断刀等。

2．刀具角度测量仪器：量角台等。

三、实验内容

用量角台测量几种常用车刀（外圆车刀、端面车刀、切断刀）的主偏角 K_r、副偏角 K_r'、前角 γ_O、后角 α_O、刃倾角 λ_s。

四、实验步骤

按照车刀实物，观察、研究其结构，辨明切削部分各面及几何角度。量角台的结构如图 2.1 所示。

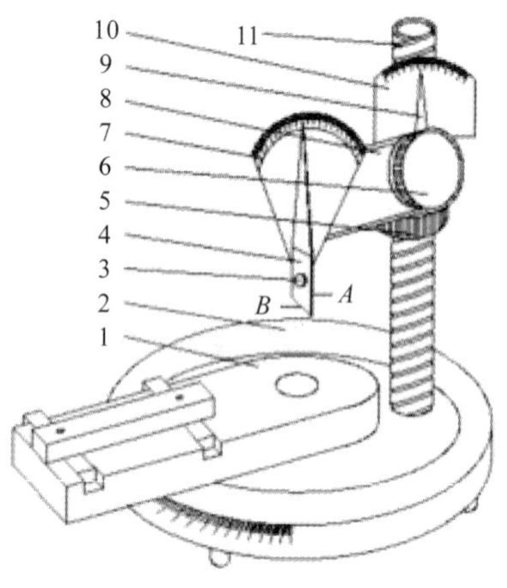

1—定位板；2—台面；3—螺钉；4—指针；5—螺帽；6—旋钮；

7—刻度盘；8—弯板；9—小指针；10—小刻度盘；11—立柱

图 2.1　量角台实物及其示意图

刻度盘 7 可借螺帽 5 在立柱 11 上移动，指针 4 可用螺钉 3 固定在刻度盘上，绕螺钉中心移动，指针的 A 和 B 两个测量面互相垂直，当指针对准刻度盘上的零线时，A 面与量角台的台面垂直，B 面平行于量角台的后面。测量时，车刀安放在定位板 1 上，台面刻度盘用来测量主、副偏角。小刻度盘 10 用于测量法向角度。

扩展阅读：参考系

（1）切削平面——通过主切削刃上某一选定点并垂直于刀杆底面的平面。

（2）基面——通过主切削刃上某一选定点并平行于刀杆底面的平面。

（3）正交平面——主剖面是既垂直于切削平面又垂直于基面的平面。

扩展阅读：标注角度

（1）在正交平面参考系内标注的角度。

前角 γ_O——前刀面与基面之间的夹角。前角一般在-5°～25°之间选取。

后角 α_O——主后刀面与切削平面之间的夹角。后角不能为零度或负值，一般在 6°～12°之间选取。

（2）在基面参考系内标注的角度。

主偏角 K_r——主切削刃在基面上的投影与进给方向的夹角。主偏角一般在 30°～90°之间选取。

副偏角 K_r'——副切削刃在基面上的投影与进给反方向的夹角。副偏角一般为正值。

（3）在切削平面参考系内标注的角度。

刃倾角 λ_s——主切削刃与基面之间的夹角。刃倾角一般在-10°～5°之间选取。

测量主偏角（图 2.2）时，按照安装位置将车刀放在定位板上，转动定位板，使指针平面与主切削刃选定点相切，此时台面刻度盘上指示的转动度数即为主偏角的数值。同理可测出副偏角。

测量刃倾角（图 2.3）时，使指针平面与切削刃在同一方向内，将测量面 B 与主切削刃相重合，即可读出数值。

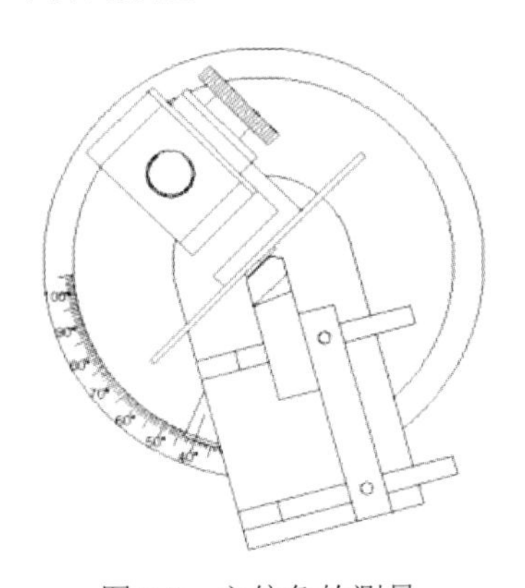

图 2.2　主偏角的测量

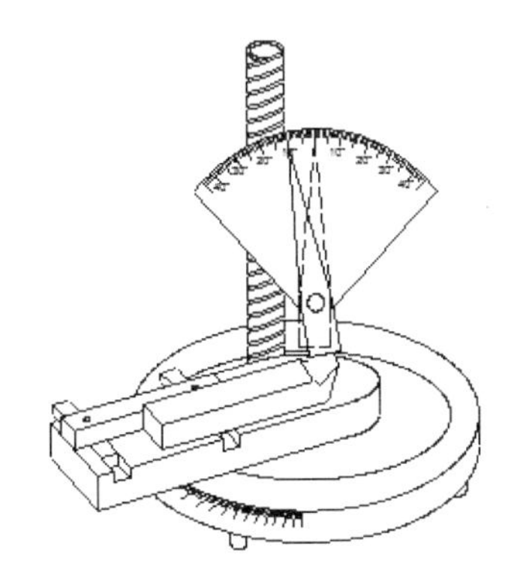

图 2.3　刃倾角的测量

测量前角（图 2.4）时，转动定位板，使刻度盘位于车刀主剖面上，转动指针测量面 B 与车刀的前刀面重合，此时指针在刻度盘上指示的度数，即为前角的数值。

测量后角（图 2.5）时，使车刀保持在测量前角时的位置上，只需转动指针，将指针测量面 A 与车刀的后刀面重合，即可读出数值。同理可测出副后角的数值。

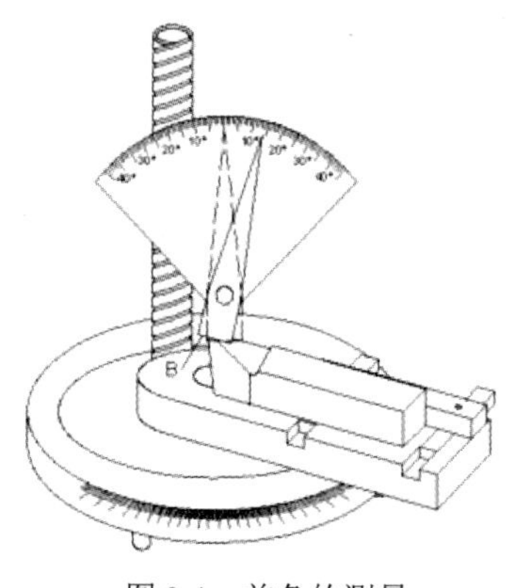

图 2.4 前角的测量

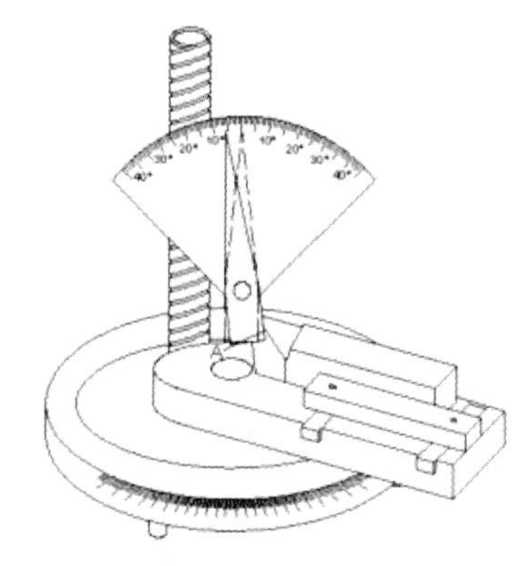

图 2.5 后角的测量

测量车刀法剖面的前角和后角，必须在测量完主偏角和刃倾角之后才能进行。将滑体（连同小刻度盘和小指针）和弯板（连同刻度盘和指针）上升到适当位置，使弯板转动一个刃倾角的数值，这个数值由固连于弯板上的小指针在小刻度盘上指示出来（逆时针方向转动为+，顺时针方向转动为-），如图 2.6 所示，然后再按如前所述的测量主剖面前角和后角的方法（图 2.4 和图 2.5），便可测量出车刀法剖面前角和后角的数值。

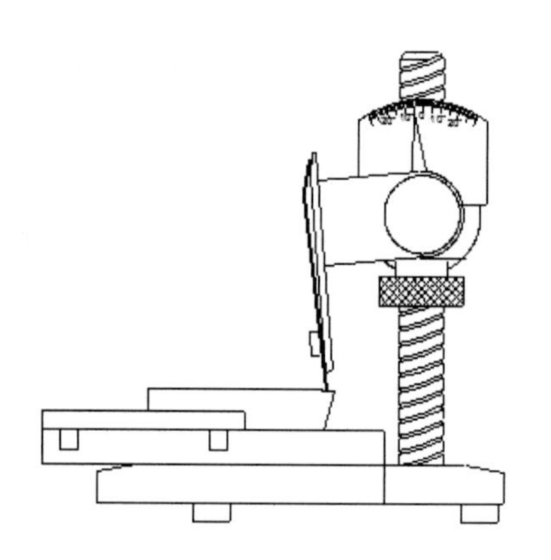

图 2.6 法剖面前角和后角的测量

实 验 报 告

二〇　　年　　月　　日

实验名称：刀具几何角度测量

班级：________　姓名：________　同组人：________

指导教师评定：________　签名：________

一、实验目的：

二、实验原理：

三、实验设备：

四、实验步骤：

五、实验结果：

车刀角度测量值：

车刀名称	车刀角度				
	主偏角 K_r	副偏角 K_r'	前角 γ_O	后角 α_O	刃倾角 λ_s
45°偏刀					
90°偏刀					
切断刀					

六、思考与讨论：

1．按比例绘制所测外圆车刀视图，并将所测刀具角度标注（以外圆车刀为例）在视图上。

2．简述车刀标注角度、工作角度的区别。

实验三　加工误差的统计分析

一、实验目的

统计分析法是通过一批工件加工误差的表现形式，来研究误差产生原因的一种方法。做加工误差统计分析实验的目的在于，巩固已学过的统计分析法的基本理论；掌握运用统计分析法的步骤，培养使用统计分析法判断问题的能力。

1．深入了解和掌握分布曲线法的原理、计算方法及步骤。

2．对分布曲线法各参数进行计算。

3．分析分布曲线各参数。

4．绘制直方图。

二、实验原理

在调整法加工中，如果没有破坏正常工序进行的因素，同一批零件的工序尺寸是符合正态分布的。其数学表达为

$$Y=\frac{1}{\sigma\sqrt{2\pi}}\mathrm{e}^{-\frac{(X-\mu)^2}{2\sigma^2}}$$

式中：X为工序尺寸；Y为分布概率密度；μ为随机变量总体的算术平均值，即

$$\mu=\frac{1}{N}\sum_{i=1}^{N}X_i \quad （N\text{为一批零件总数}）$$

σ为零件工序尺寸的均方根偏差，即

$$\sigma=\sqrt{\frac{\sum_{i=1}^{N}(X_i-\overline{X})^2}{N}}$$

由数理统计知道，某一尺寸区间内，其零件出现的概率，即为正态分布曲线与该尺寸区间所包围的面积，为便于计算，通过参数$Z=\frac{\left|X-\overline{X}\right|}{\sigma}$将正态分布曲线转化为标准正态分布曲线，即

$$Y=\frac{1}{\sqrt{2\pi}}\mathrm{e}^{-\frac{X^2}{2}}$$

这样，对标准正态分布曲线的积分就可直接查积分表：

$$\varphi(Z)=\frac{1}{\sqrt{2\pi}}\int_0^Z\mathrm{e}^{-\frac{X^2}{2}}\mathrm{d}Z$$

三、实验设备

1．在无心磨床上已加工好一批短圆柱零件，工序尺寸：外圆直径 Φ=21.6mm，上偏差为+0.006mm，下偏差为-0.010mm，总数 N=84 件。

2．选取一组块规，用于校正千分尺调整值。

3．杠杆指示千分尺（精度为 μm）。

四、实验步骤

1．测量零件尺寸。

（1）先用块规（基本尺寸大小）将千分尺调整到某一值 B，并记录 B 值。

（2）在零件长度的中段，测其外径与调整值的相对偏差值（单位为 μm），为消除误差，在相互垂直方向各测一次，取其平均值，并依次记录数据（小于调整值为负值）。

（3）记录被测零件总数 N，以及零件设计尺寸的基本值 A，上偏差 A_s，下偏差 A_x。

2．记录并计算。

（1）记录数据。

（2）统计频数。

1）初选分组数 k。

一般应根据样本容量来选择，参见表 3.1。

表 3.1　分组数 k 的选定

N	25～40	40～60	60～100	100	100～160	160～250
k	6	7	8	10	11	12

2）确定组距。

找出样本数据的最大值 x_{max} 和最小值 x_{min}，并按下式计算组距：

$$d' = \frac{R}{k-1} = \frac{x_{max} + x_{min}}{k-1}$$

选取与计算的 d' 值相近的且为测量值尾数整倍数的数值为组距。

$$k = \frac{R}{d} + 1$$

3）确定分组数。

4）确定组界。

各组组界为：$x_{min} + (i-1)d \pm \frac{d}{2}$（$j$=1，2，…，$k$）

5）填表。

实 验 报 告

二〇　　年　　月　　日

实验名称：加工误差的统计分析

班级：________　姓名：________　同组人：________

指导教师评定：________　签名：________

一、实验目的：

二、实验原理：

三、实验设备：

四、实验步骤：

五、实验结果：

1．填表：所测尺寸相对偏差值、频数分布表。

（1）所测尺寸相对偏差值（μm）：

零件号	基本值 A	上偏差 A_s	下偏差 A_x	零件号	基本值 A	上偏差 A_s	下偏差 A_x	零件号	基本值 A	上偏差 A_s	下偏差 A_x
1				5				9			
2				6				10			
3				7				11			
4				8				12			

（2）频数分布表：

组号	组界/μm	中心值 X_i	频数统计	频数	频率/%	频率密度
1						
2						
3						
4						
5						
6						
7						
8						
9						

2．以偏差值为 X 轴，频数或频率为 Y 轴画直方图。

六、思考与讨论：

1．实验得到的直方图的形状为什么不完全符合正态分布曲线？

2．合格率能否再提高？

3．使不可返修废品率为零，应使分布曲线中心最少移动多大？

4．在本实验中，有哪些因素会影响计算结果？

5．本实验有哪些地方有待改进？

实验四　切削力测量

一、实验目的

1．了解四分量台式切削测力系统的工作原理。

2．掌握切削力的测试方法。

3．通过实验加深对切削用量影响切削力变化趋势的理解。

4．掌握对采集的数据进行处理的方法。

二、实验原理

（1）每个传感器有三对石英片圈，一个对 z 方向力敏感，其他两个对 x 和 y 方向力敏感。测量过程非常真实，无任何位移产生。每个传感器的力都分为三个方向的力。由四个同样的传感器构成测力台的测量链，如图 4.1 所示。

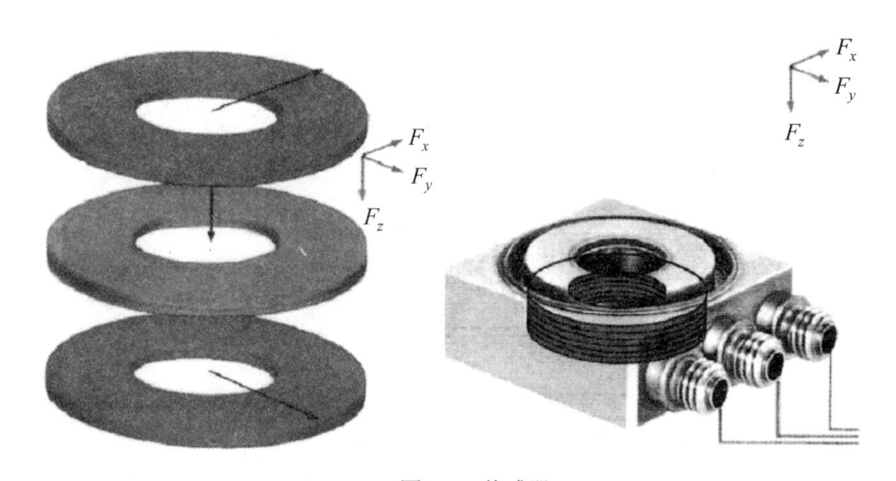

图 4.1　传感器

对力的测量，由连接电缆汇合传感器各个三分量信号，对于六分量力和力矩的测量，8 个单独的信号在连接电缆中汇合后直达电荷放大器。根据不同力的方向，在连接处上会产生正负电荷。负电荷给予电荷放大器正电压，反之亦然。正负电压分别对应正向力和负向力。

（2）测力台的设计。

测力台由三分量力传感器、盖板、底板、信号电缆及保护管等组成。传感器通过高预紧力，安装在一块盖板和一块底板之间，此预紧力可用于传递摩擦力。

（3）F_x、F_y、F_z 分力测力系统。

系统由四部分组成：切削力测力传感器、电缆、数据采集卡和四通道电荷放大器。系统构成如图 4.2 所示。

测力传感器可用于测量 x、y、z 三个方向的铣削力、钻削力和磨削力以及旋转扭矩 M_z。

被测载荷各分量值（各分量可同时达到极限值）为

F_x=−5～5kN，F_y=−5～5kN，F_z=−5～20kN，M_z=−200～200N·m

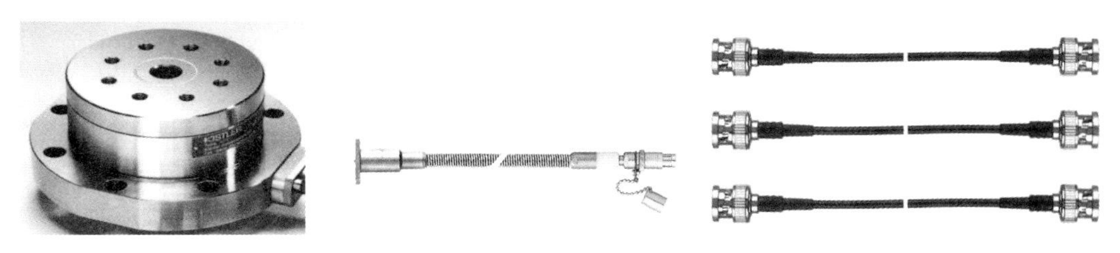

多维切削力仪 9272　　　　电缆 1677A5

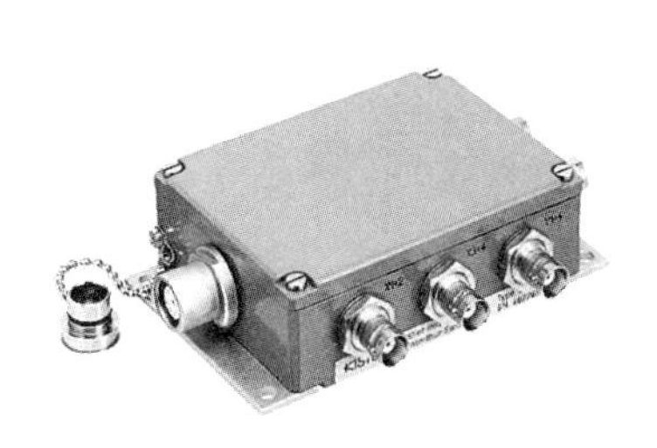

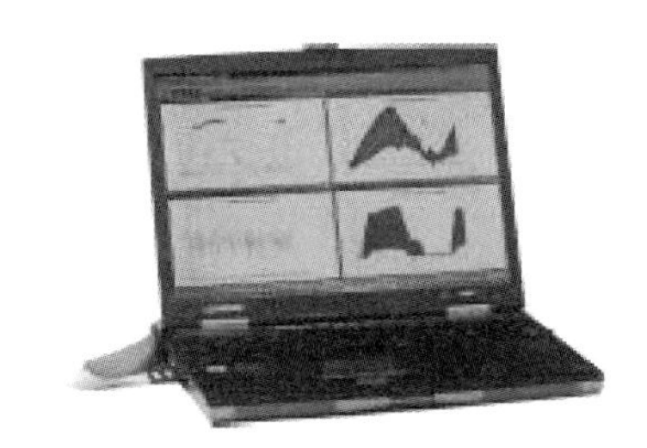

电荷放大器：5405A HR-CA-4、5073A411　　　　数据采集计算机

图 4.2　多维切削测力测量系统构成

该系统测力是用压电原理传感器传输信号到电荷放大器，电荷放大器通过定制电缆将放大后的信号传输到 A/D 卡。分析测得的数据如图 4.3 所示。

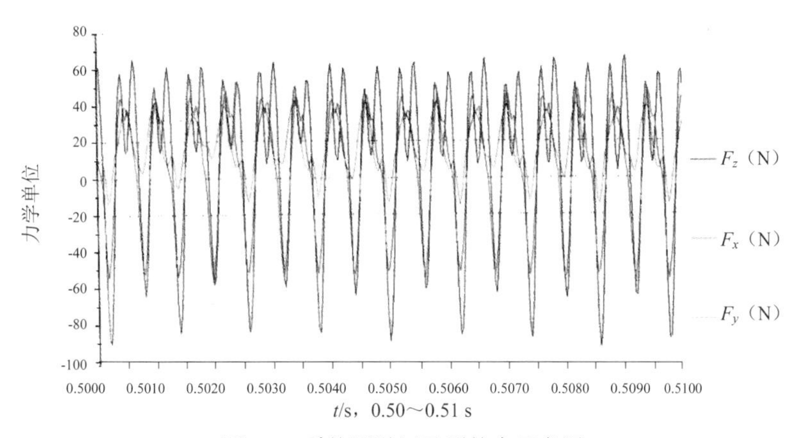

图 4.3　系统测量记录到的力示意图

（4）测力仪系统主要技术参数。

1）硬件部分包括：

A．四分量台式切削测力计：F_x，F_y，F_z，一个力矩 M_z。

B．高阻抗连接电缆（9 芯，8 线），与地绝缘长度 5m。

C．4 通道放大器。

D．切削数据采集系统，12 通道。

E．连接电缆，连接放大器、数据采集器，2m。

2）测力仪重要部件主要技术参数。

A．传感器部分。

测量范围。F_x、F_y：±5kN。F_z：−5/20kN。M_z：±200N·m。

校准的测量范围。F_x、F_y：0～5/0～0.5kN。F_z：0～20/0～2kN。M_z：0～200/0～20N·m。

灵敏度。F_x、F_y：约−7.8pc/N。F_z：约−3.5pc/N。M_z：约−160pc/N·m。

线性度：≤±1%。

迟滞：≤1%。

工作温度：0～70℃。

防护等级：IP67。

B．放大器部分。

a. 测量通道：4 通道。

b. BNC 接头。

c. 量程范围：pC±100～±1000000。

d. 输出电压：0～±10V。

e. 供电：18～30V DC。

f. 精度：<0.5%。

C．数据采集系统。

a. 硬件 HRU-1213MA12。

- 通道。
- 每通道 100kb/s 并行采集。
- 6 位分辨率或以上。

b. 软件功能。

- 记录测力台的信号，显示 3 个正交分力（F_x，F_y，F_z）。
- 远程遥控测量操作。

D．信号处理。

平滑滤波，移动平均，高低道滤波，漂移补偿。

E．图形功能。

a. 单帧或多帧曲线显示。

b. $y(t)$图形。

c. 数值显示。

d. 光标游动读数功能。

e. 缩放功能。

f. 统计分析功能。

g. 曲线图片导出功能。

F．计算功能。

a. 在线数学公式处理功能。

b. 数据文本导出功能。

c. 试验报告输出功能。

d. 超大数据导入分析功能（最大文件不超过 2GB）。

（5）注意事项。

1）先插上插座电源，打开插座电源。

2）打开计算机。

3）打开电源开关，打开电荷放大器复位/测量开关。

三、软件的使用

1. ManuWare 操作说明

（1）连接好测量链后，打开软件 ManuWare，单击 Device 里面的 AutoScan，左边的列表会出现相应的型号，比如 9238A 型传感器，如图 4.4 所示，双击左边列表的 9238A。

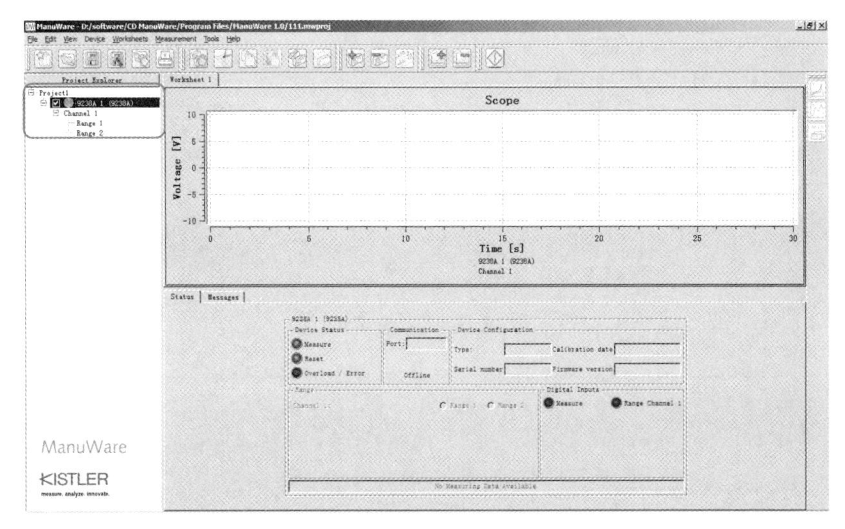

图 4.4　传感器型号界面

（2）在图 4.5 所示对话框中选择 Port：COM3 端号口，然后单击 Connect 连接，出现 Disconnect 即可。

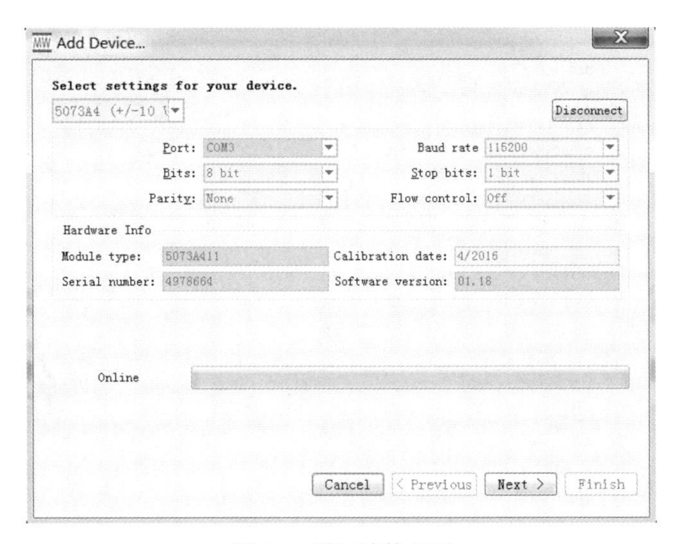

图 4.5　端口连接界面

（3）单击 Next，进入标定界面，如图 4.6 所示，按照标定证书，分别进行：Channel 1 标定 F_x，Channel 2 标定 F_y，Channel 3 标定 F_z。设定好参数，每次都要 Send 和 Load。都完成以后，单击 Finish，即标定结束。

MW Add Device...
Device Settings
Channel
Channel Channel : Channel : Channel ‹
opy this Channel to all Other
Basic Channel Settings
Unit: Newton [N] Sensitivity: - 7.68 pC/N Scaling
Basic Range Settings
Mechanical Range Scale Factor Charge Full Scale
Range 1: 499.85 N 49.98 N/V 3838.83 pC
Range 2: 497.30 N 49.73 N/V 3819.29 pC
Advanced Channel Settings
Full scale output 10000 mV Output offset: + 0.00 mV Peak: Off
Low Pass Filter (all Channels)
Cut-off frequency: Off 10 Hz 200 Hz 3000 Hz
Synchronisation
Send Load
Online
Cancel < Previous Next > Finish

（a）

MW Add Device...
Device Settings
Channel
Channel Channel : Channel : Channel ‹
opy this Channel to all Other
Basic Channel Settings
Unit: Newton [N] Sensitivity: - 7.65 pC/N Scaling
Basic Range Settings
Mechanical Range Scale Factor Charge Full Scale
Range 1: 499.25 N 49.92 N/V 3819.26 pC
Range 2: 499.25 N 49.92 N/V 3819.26 pC
Advanced Channel Settings
Full scale output 10000 mV Output offset: + 0.00 mV Peak: Off
Low Pass Filter (all Channels)
Cut-off frequency: Off 10 Hz 200 Hz 3000 Hz
Synchronisation
Send Load
Online
Cancel < Previous Next > Finish

（b）

图 4.6（一） 标定界面

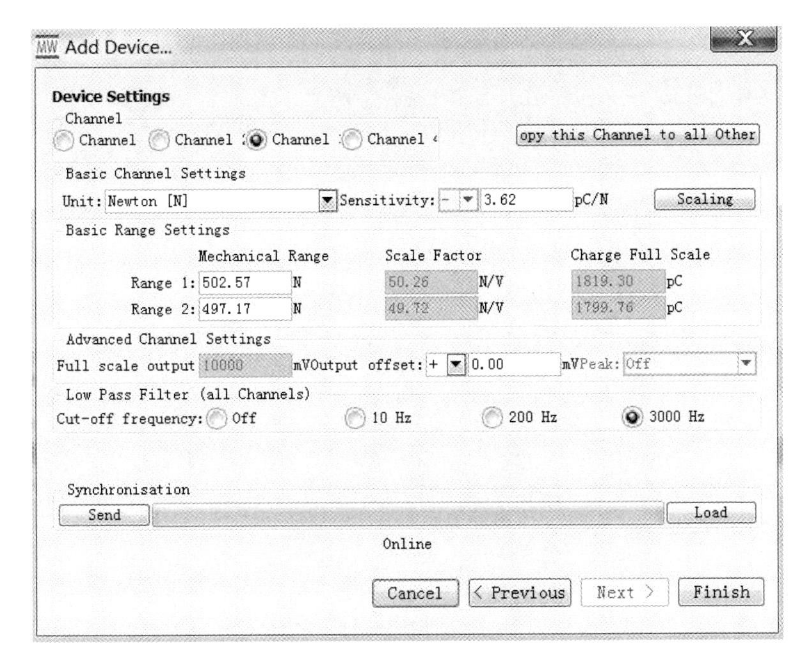

（c）

图 4.6（二）　标定界面

（4）回到主界面，将 Channel 1、Channel 2、Channel 3 分别拖进表中，就可以看到力的变化，如图 4.7 所示。

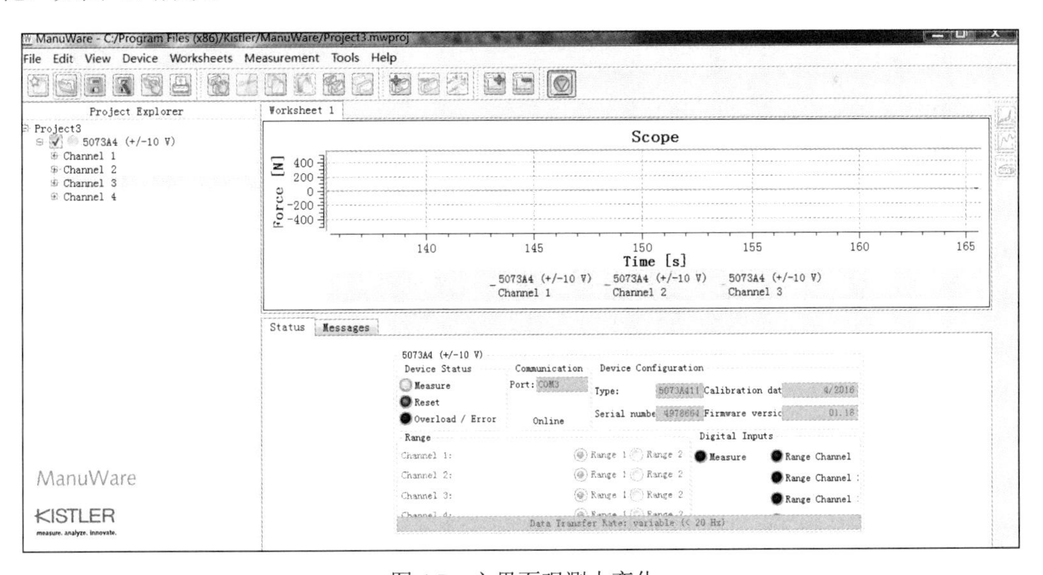

图 4.7　主界面观测力变化

（5）将软件界面右侧第二个方框 Scope，用按住鼠标左键和拖拉的方式，拖拉到视图窗口里面，如图 4.8 所示。

（6）将要显示的通道，用按住鼠标左键和拖拉的方式，拖拉到视图窗口，如图 4.9 所示。

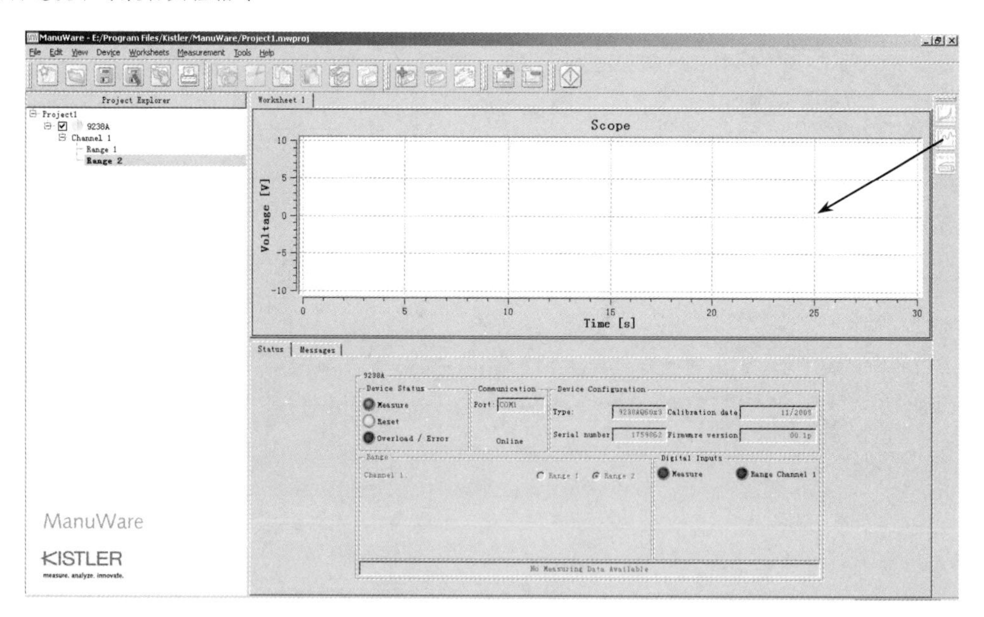

图 4.8　主界面操作 1

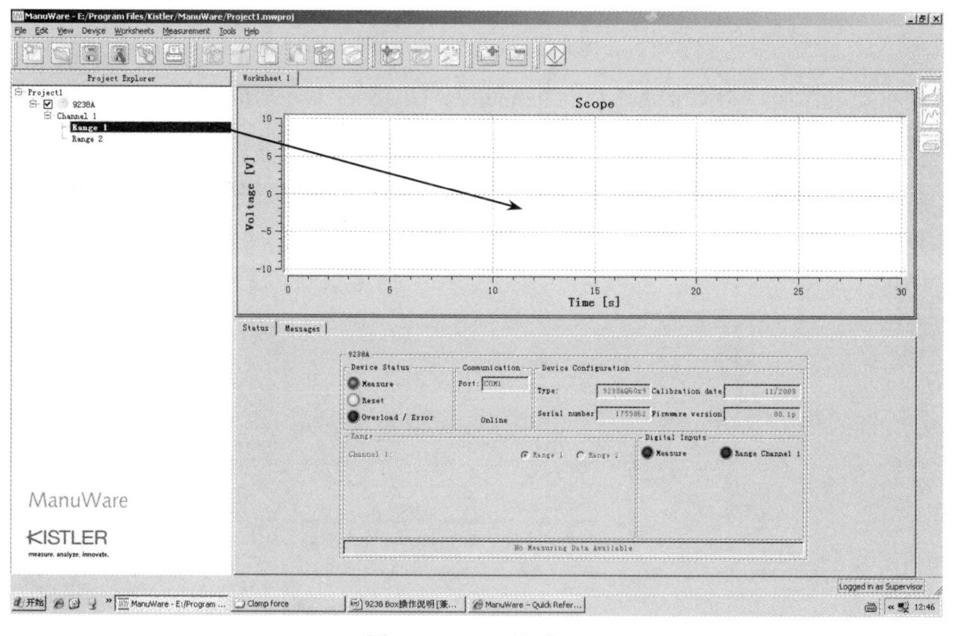

图 4.9　主界面操作 2

（7）然后单击 Reset，开始测量，视频窗口会显示信号曲线。

2. 信号的处理

（1）用 USB 数据线连接数采盒和 PC。

（2）双击桌面 HRsoft DW V2.00，弹出信号处理界面。

1）设置。如图 4.10 所示，可以在每个通道后面勾选，是否选用此通道，通道名、系数、工程单位也可按照需求进行更改（根据所连接数自行识别 HRU-0813M 或 HRU-1213MA）。

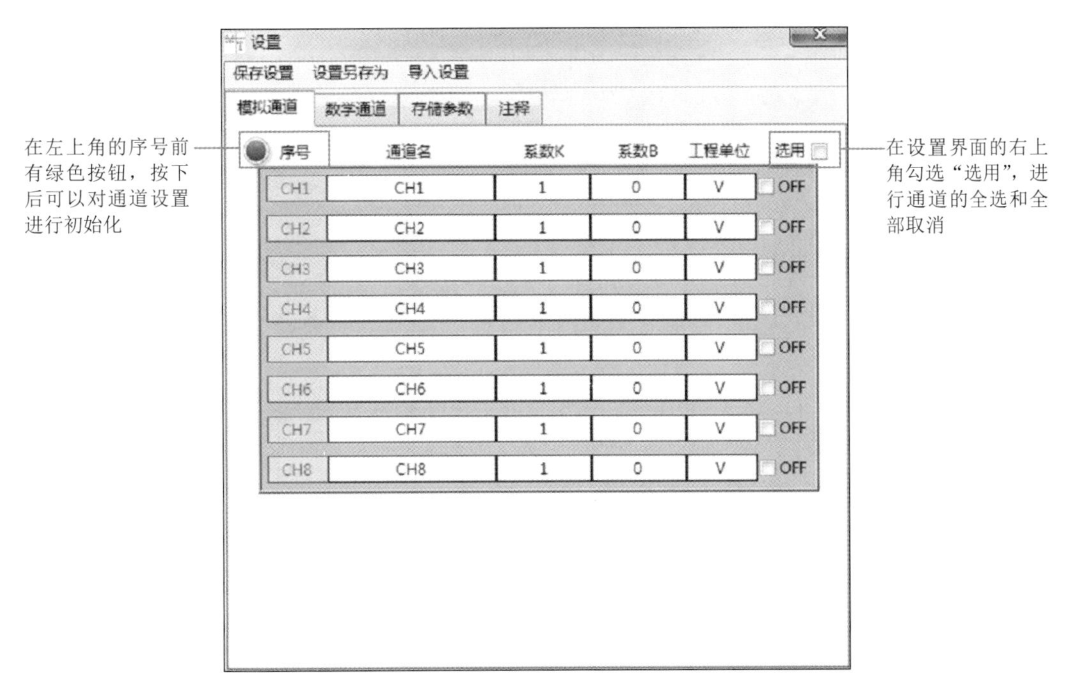

图 4.10　信号通道设置界面

设置系数 K 及系数 B，如图 4.11 所示，$a(X_1,Y_1)$和 $b(X_2,Y_2)$两点为直线 $Y=KX+B$ 上已知两点，其中 Y_1 是传感器最小量程，X_1 为传感器输出最小电压。Y_2 是传感器最大量程，X_2 是传感器最大输出电压。$K=(Y_2-Y_1)/(X_2-X_1)$，将求得的 K 代入函数中求 B，最后将求得的值输入相应位置即可。

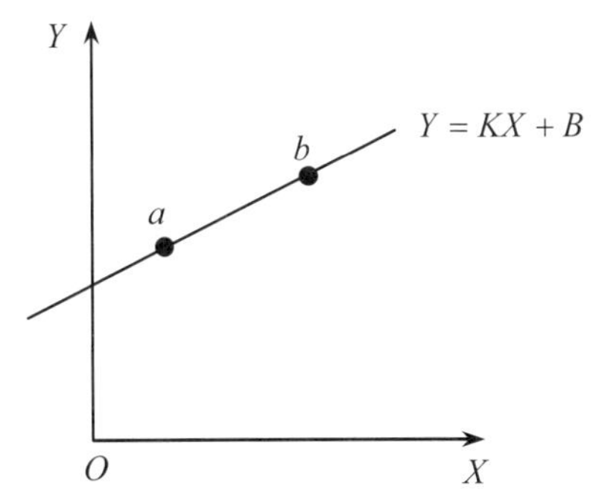

图 4.11　设置系数 K 及系数 B

设置“数学通道”，可以通过按“+”键添加公式，具体信息可以单击“公式说明”进行查看。公式中涉及的序号必须和模拟通道的名字一样，用单引号标示出，如图 4.12 所示。

在“通道”栏可设置对应通道口通道名，在“测量范围”可设置测量物理量对应的量程范围；“单位”为该物理量对应的单位。

设置“存储参数”，测量范围可选±5V 和±10V，采样率的范围为 1～100kHz（同步采样）。数据存储文件取名方式：实验名+实验时间。

设置“注释”，在其中输入自己需要标注的实验参数及实验条件等，方便后期制作报表及分析数据时进行比较，如图 4.13 所示。

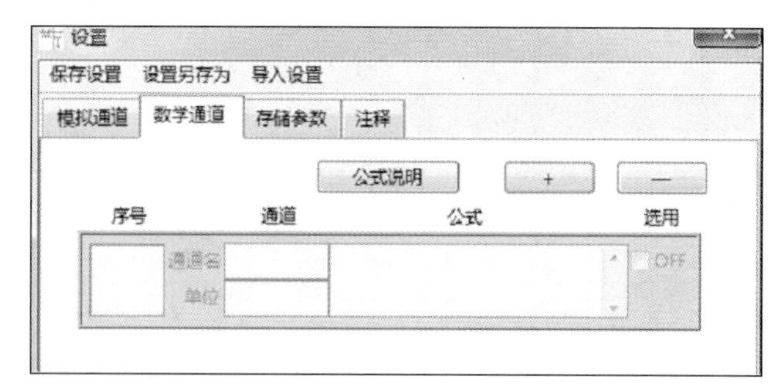

图 4.12 设置“数学通道”

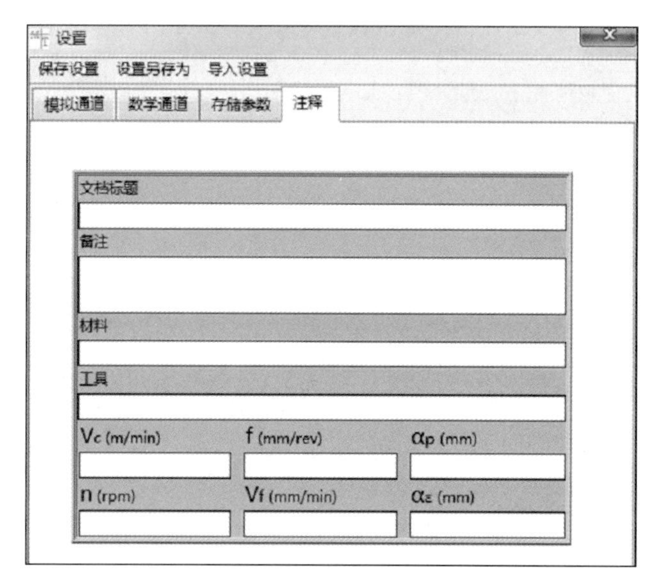

图 4.13 设置“注释”

2）采集。单击“开始采集”，弹出如图 4.14 所示窗口，左侧为曲线显示，右侧为数值。此窗口会显示在前面设置中所选中的通道，M 开头的则为前面设置的计算值。

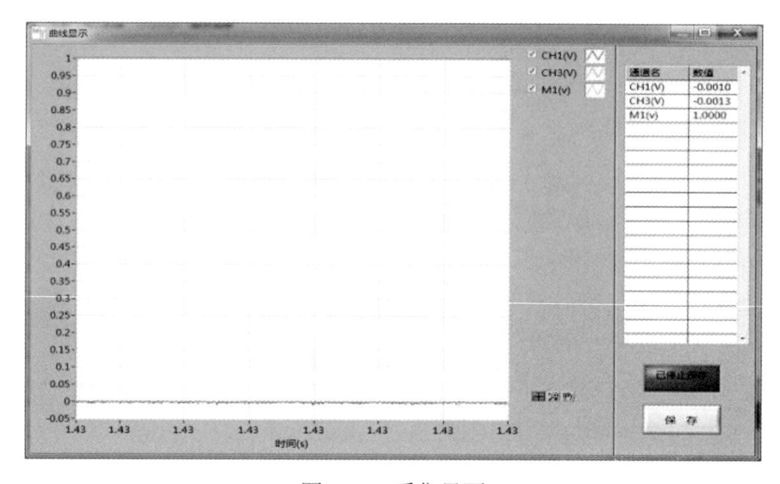

图 4.14 采集界面

3）导入数据。单击“导入数据”按钮后弹出“选择数据文件”，选择*.hrd 数据文件，弹出数据回放对话窗口，同时弹出数据解析提示窗口。

在该提示窗口未关闭前，数据文件解析未结束，如图 4.15 所示。这时请不要操作界面任何按钮，数据文件比较大时时间可能比较长，请耐心等待。数据处理界面如图 4.16 所示。

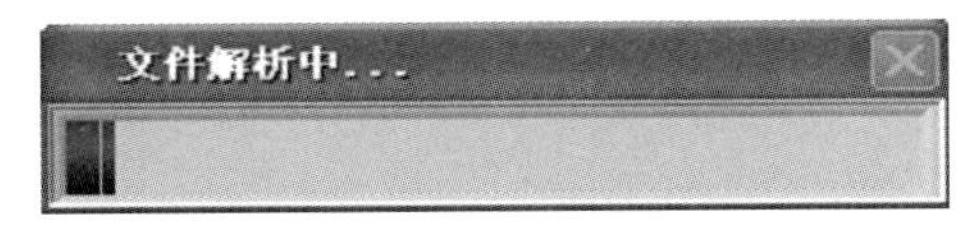

图 4.15　文件解析对话框

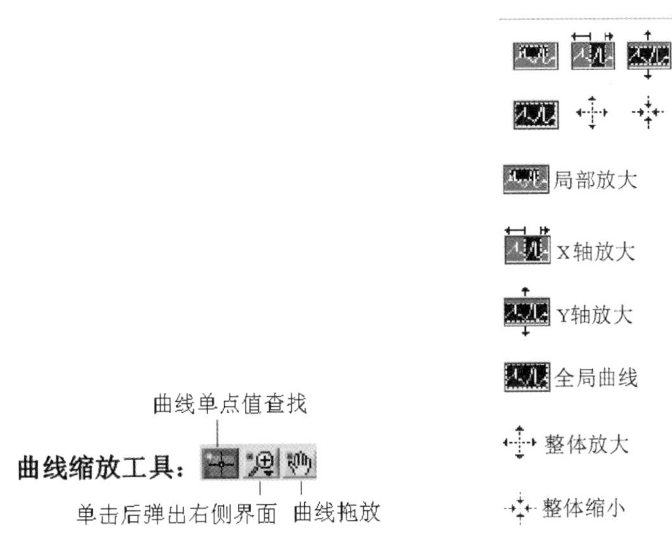

图 4.16　数据处理界面

4）注释功能。在图表上右击，单击“创建注释”，弹出“创建注释”对话框，如图 4.17 所示。

图 4.17　“创建注释”对话框

在“注释名称”文本框中，用户可输入需要注释的名称。

如图 4.18 所示，选择“锁定风格”为“自由”时，单击注释箭头上的十字光标，可以将注释拖到图表上任何位置；选择“关联至所有曲线”，在图表上显示多种曲线的情况下，拖动注释时其不能随意停留，只能在靠近的曲线上停止对此曲线进行注释。

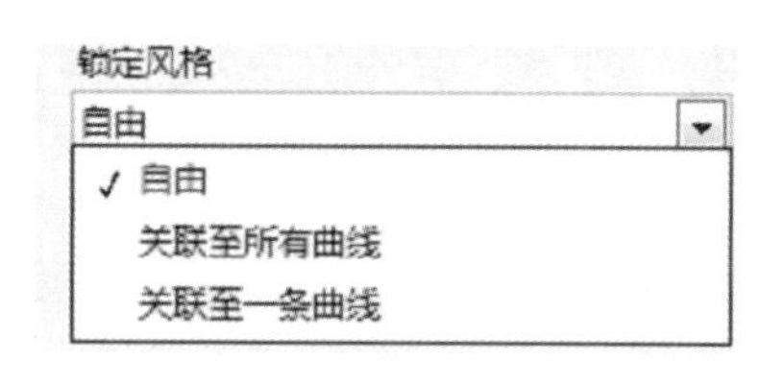

（a）

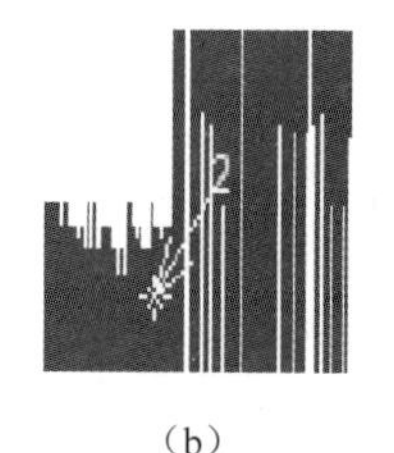

（b）

图 4.18 创建注释

5）统计分析。勾选“统计分析”复选框，显示在 Y-t 曲线窗口内数据的最大值、最小值、平均值和时间差。

信号处理参数：在图表上右击，单击“数据处理”，弹出“信号处理参数”对话框，如图 4.19 所示。

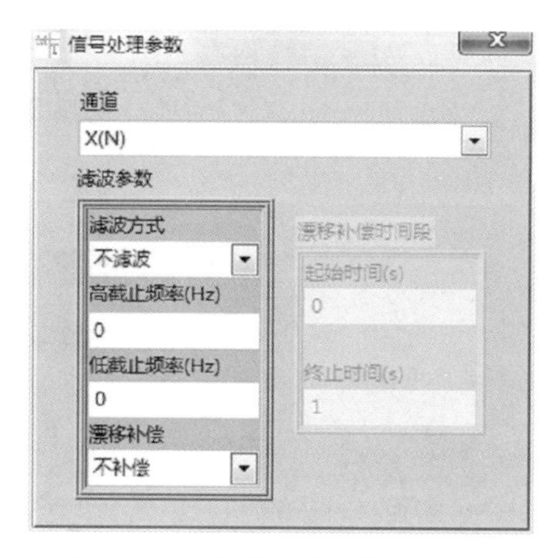

图 4.19 “信号处理参数”对话框

先选择需要的曲线名，然后选择滤波方式进行信号处理。等设置完曲线参数后，右击，选择“刷新曲线”，则显示处理完后的曲线。有四种处理方式可供选择。

第一，移动平均。在“窗口个数”中输入平均的个数，该处理方式是以给定的个数进行平均计算，所得结果代替给定数据中的第一个数，处理后的数据总个数不变。

第二，中值滤波。在“窗口个数”中输入进行中值滤波的个数，该处理方式是以给定的个数进行取中值计算，所得结果代替给定数据中的第一个数，处理后的数据总个数不变。

第三，低通滤波和高通滤波。在“截止频率”输入频率，以此频率低通或高通该数据；完成后单击“确定”，如果需要取消刚才的设置，单击“取消”。

第四，漂移补偿。选择漂移典型曲线阶段，拟合漂移曲线，后面曲线数据可减去该拟合曲线得以补偿漂移。因此，应先利用 X 轴放大功能选择需要补偿的曲线部分（进行拟合漂移曲线的数据为放大之前的部分数据），选择好后勾选“漂移补偿”。

6）生成报告。单击上方“生成报告”按钮后弹出报告，并且存档，如图 4.20 所示。

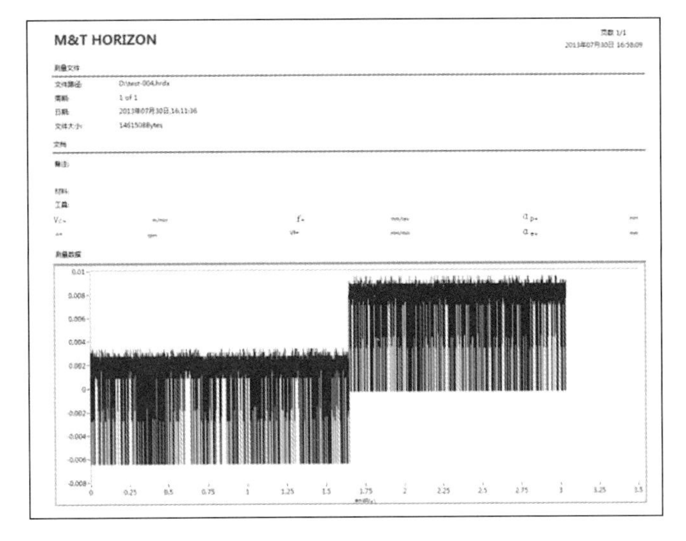
M&T HORIZON

（a）

报表文件生成
保存在(I):
本地磁盘 (C:)
名称
修改日期
最近使用的项目
桌面
我的文档
计算机
360高速下载
2012/8/9 15:56
china-drm
2013/1/18 9:54
CL3515R
2013/3/14 13:29
inetpub
2011/10/31 11:56
Intel
2011/10/30 10:46
National Instruments Downloads
2013/3/13 14:16
PerfLogs
2009/7/14 10:37
Program Files
2013/7/30 14:00
Windows
2013/7/10 9:11
用户
2012/4/6 16:22
文件名(N):
保存类型(T):
报表文件 (*.jpeg)
保存
取消

（b）

图 4.20　存档界面

实 验 报 告

二〇　　年　　月　　日

实验名称：切削力测量

班级：________　姓名：________　同组人：________

指导教师评定：________　签名：________

一、实验目的：

二、实验原理：

三、实验设备：

四、实验步骤：

五、实验结果：

组号	参数	F_x	F_y	F_z
1	S300　F40　H0.2			
2	S300　F80　H0.2			
3	S600　F40　H0.2			
4	S600　F80　H0.2			
5	S300　F40　H0.4			
6	S300　F80　H0.4			
7	S600　F40　H0.4			
8	S600　F80　H0.4			

六、思考与讨论：

1．简述切削力试验原理及方法。

2．简述切削力测量试验的步骤及注意事项。

实验五　数控铣床结构分析及基本操作

一、实验目的

1. 熟悉数控铣床基础知识。
2. 了解数控铣床加工程序的组成与编程步骤。
3. 熟悉 FANUC 0i-MC 数控系统及数控机床的操作面板。
4. 掌握数控铣床常规操作方法，重点学习数控铣床回零操作、工件坐标系设定、程序输入与编辑、模拟加工等操作。

二、实验设备

1. 数控铣床：规格 XKA714。
2. 各种规格的数控铣刀具等。

三、实验内容

1. 熟悉数控铣床结构、操作面板的功能。
2. 掌握数控程序输入、修改简单的程序的方法。

四、基础知识

1. 数控铣床的加工对象

（1）平面类零件。加工面平行、垂直于水平面或与水平面成定角的零件称为平面类零件，这一类零件的特点是：加工单元面为平面或可展开成平面。其数控铣削相对比较简单，一般用两坐标联动就可以加工出来。

（2）曲面类零件。加工面为空间曲面的零件称为曲面类零件，其特点是加工面不能展开成平面，加工中铣刀与零件表面始终是点接触式。

（3）变斜角类零件。加工面与水平面的夹角呈连续变化的零件称为变斜角类零件，以飞机零部件常见。其特点是加工面不能展开成平面，加工中加工面与铣刀周围接触的瞬间为一条直线。

（4）孔及螺纹。采用定尺寸刀具进行钻、扩、铰、镗及攻丝等，一般数控铣都有镗、钻、铰功能。

2. XKA714 数控铣床的结构

本实验数控铣床规格型号是 XKA714 立式数控铣床，如图 5.1 所示。数控铣床一般由主轴箱、进给伺服系统、控制系统、辅助装置、机床基础件等几大部分组成。

（1）主轴箱。包括主轴箱体和主轴传动系统，用于装夹刀具并带动刀具旋转，主轴转速范围和输出扭矩对加工有直接影响。

（2）进给伺服系统。由进给电机和进给执行机构组成，按照程序设定的进给速度实现刀具和工件之间的相对运动，包括直线进给运动和旋转运动。

（3）控制系统。数控铣床运动控制的中心，执行数控加工程序控制机床进行加工。

（4）辅助装置。如液压、气动、润滑、冷却系统和排屑、防护等装置。

（5）机床基础件。通常是指床身、立柱、横梁等，它是整个机床的基础和框架。

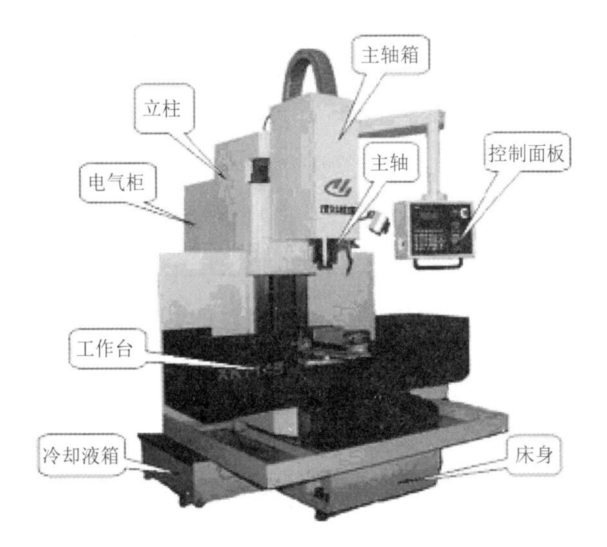

图 5.1　XKA714 数控铣床

3. 主轴部件和进给传动装置

（1）主轴部件。主轴部件是数控铣床上的重要部件之一，它带动刀具旋转完成切削，其精度、抗震性和热变形对加工质量有直接的影响。

1）主轴。如图 5.2（a）所示，数控铣床的主轴为一中空轴，其前端为锥孔，与刀柄相配，在其内部和后端安装有刀具自动夹紧机构，用于刀具装夹。

主轴在结构上要保证好良好冷却润滑，尤其是在高转速场合，通常采用循环式润滑系统。对于电主轴而言，往往设有温控系统，且主轴外表面有槽结构，以确保散热冷却，如图 5.2（b）所示。

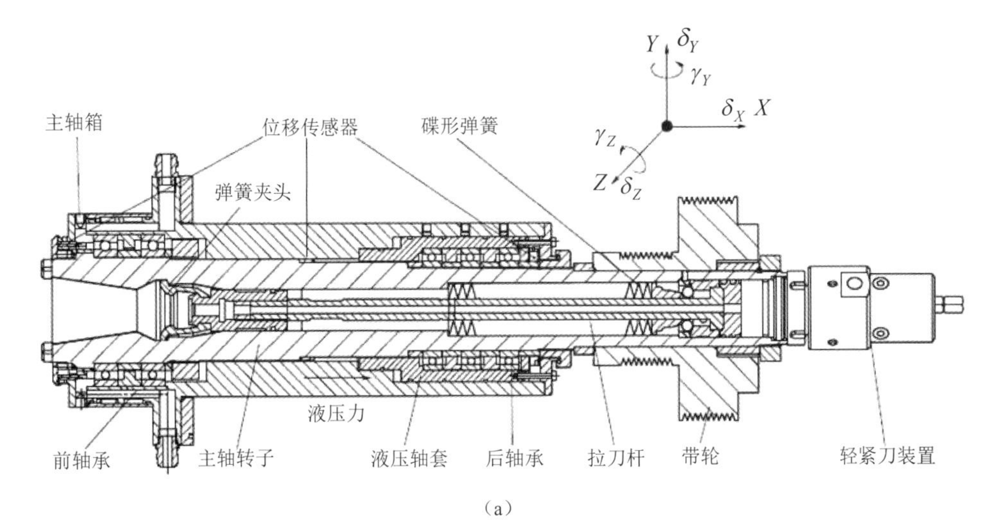

（a）

图 5.2（一）　主轴

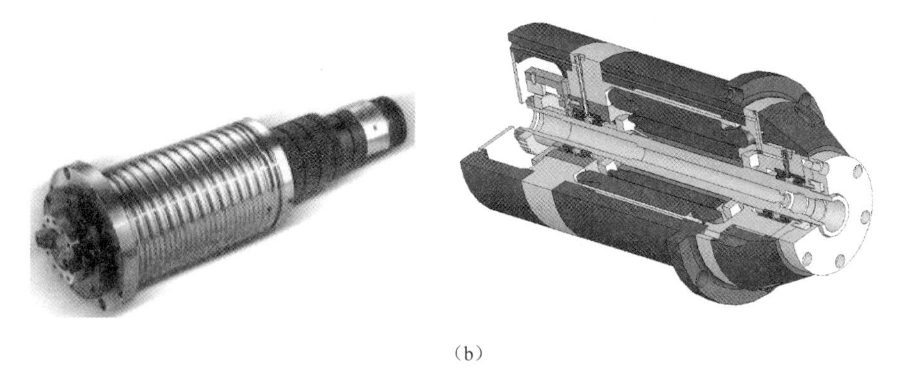

（b）

图 5.2（二） 主轴

2）刀具自动夹紧机构。在数控铣床上多采用气压或液压装夹刀具，常见的刀具自动夹紧机构主要由拉刀杆、拉杆端部的弹簧夹头、碟形弹簧等组成，如图 5.2（a）所示。夹紧状态时，碟形弹簧通过拉杆及夹头，拉住刀柄的尾部，使刀具锥柄和主轴锥孔紧密配合；松刀时，通过气缸活塞推动拉杆，压缩碟形弹簧，使夹头松开，夹头与刀柄上的拉钉脱离，即可拔出刀具，进行新、旧刀具的交换，新刀装入后，气缸活塞后移，新刀具又被碟形弹簧拉紧。

需要注意的是，不同的机床，其刀具自动夹紧机构结构不同，与之适应的刀柄及拉钉规格亦不同。

3）端面键。带动铣刀旋转，传递运动和动力。

4）自动切屑清除装置。自动清除主轴孔内的灰尘和切屑是换刀过程中的一个不容忽视的问题。如果主轴锥孔中落入了切屑、灰尘或其他污物，在拉紧刀杆时，锥孔表面和刀杆的锥柄就会被划伤，甚至会使刀杆发生偏斜，破坏刀杆的正确定位，影响零件的加工精度，甚至会使零件超差报废。为了保持主轴锥孔的清洁，常采用的方法是使用压缩空气经主轴内部通道吹屑，清除主轴孔内污物。

（2）进给传动装置。如图 5.3 所示，数控铣床的进给传动装置多采用伺服电机直接带动滚珠丝杠旋转，在电动机轴和滚珠丝杠之间用锥环无键连接或高精度十字联轴器结构，以获得较高的传动精度。

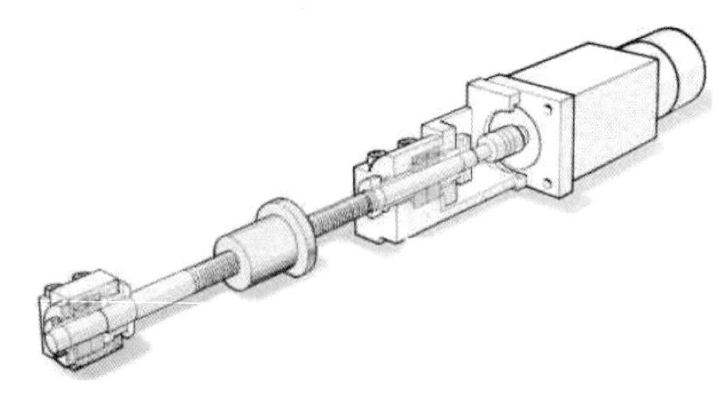

图 5.3 进给传动装置

4. 数控铣床的特点

与普通铣床相比，数控铣床具有以下特点：

（1）半封闭或全封闭式防护。经济型数控铣床多采用半封闭式；全功能型数控铣床会采用全封闭式防护，防止冷却液、切屑溅出，保证安全。

（2）主轴无级变速且变速范围宽。主传动系统采用伺服电机（高速时采用无传动方式——电主轴）实现无级变速，且调速范围较宽，这既保证了良好的加工适应性，同时也为小直径铣刀工作形成了必要的切削速度。

（3）采用手动换刀，数控铣床没有配备刀库，刀具安装方便。

（4）一般为三坐标联动。数控铣床多为三坐标（即 X，Y，Z 三个直线运动坐标）、三轴联动的机床，以完成平面轮廓及曲面的加工。

（5）应用广泛。与数控车削相比，数控铣床有着更为广泛的应用范围，能够进行外形轮廓铣削、平面或曲面型腔铣削及三维复杂型面的铣削，如各种凸轮、模具等，若再添加圆工作台等附件（此时变为四坐标），则应用范围将更广，可用于加工螺旋桨、叶片等空间曲面零件。此外，随着高速铣削技术的发展，数控铣床可以加工形状更为复杂的零件，精度也更高。

5. XKA714 数控铣床

（1）主要技术参数。

型号：XKA714。

工作台有效行程（$X\times Y\times Z$）：600mm×450mm×500mm。

工作台面积：1100mm×400mm。

工作台最大荷重：1500kg。

T 型槽：18mm×3mm×90mm。

主轴转速：100～4000r/min。

主轴孔锥度：ISO NO.40。

主轴马达：5.5/7.5kW。

快速进给（$X/Y/Z$ 轴）：8/8/4m/min。

切削进给率：6～3200mm/min。

定位精度：0.015mm。

重复定位精度：0.005mm。

机床重量：3800kg。

电力容量：17kVA。

机床外形尺寸（长×宽×高）：2130 mm×1700 mm×2380 mm。

（2）机床坐标系。

数控机床采用国际通用标准的笛卡儿右手直角坐标系。

Z 轴：数控铣床 Z 轴可首先确定。

X 轴：数控铣床 X 轴水平向右为正方向。

Y 轴：Y 轴及正方向由笛卡儿法则判定。

6. FANUC 0i-MC 数控系统控制面板

数控铣床所提供的各种功能可以通过控制面板上的键盘操作得以实现。机床配备的数控系统不同，其 CRT/MDI 控制面板的形式也不相同。XKA714 数控铣床配备 FANUC 0i-MC 数控系统，如图 5.4 所示。下面介绍其各控制键功能。

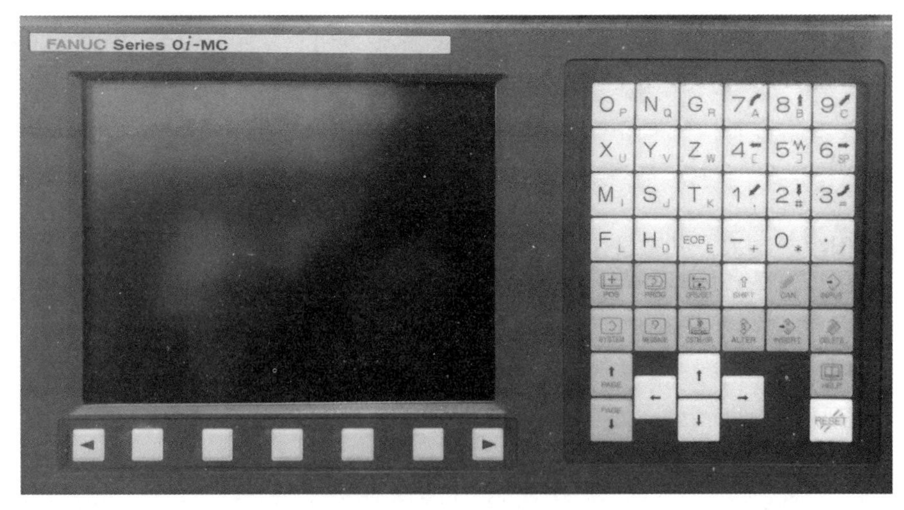

图 5.4　FANUC 0i-MC 面板

（1）主功能键。

开机后先选择主功能键，进入主功能状态后，再选择下级子功能（软键）进行具体操作。

【POS】键：位置显示键。在 CRT 上显示机床现在的位置。

【PROG】键：程序键。在编辑方式，编辑和显示内存程序，显示 MDI 数据。

【OFS/SET】键：菜单设置键。刀具偏置数值的显示和设定。

【MESSAGE】键：报警显示键。按此键显示报警号及报警提示。

【SYSTEM】键：参数设置键。设置数控系统参数。

【CSTM/GR】键：图像显示键。

（2）数字/地址键。

数字/地址键用来输入英文字母、数字及符号。常见功能如下：G、M——指令；F——进给量；S——主轴转速；X、Y、Z——坐标；I、J、K——圆弧的圆心坐标；R——圆弧半径；T——刀具号或换刀指令；O——程序名；N——程序段号；0～9——数字；【EOB】键——程序段结束键等。

（3）编辑键。

【ALTER】键：修改键。在程序当前光标位置修改指令代码。

【INSERT】键：插入键。在程序当前光标位置插入指令代码。

【DELETE】键：数据、程序段删除键。

【CAN】取消键：按下此键，删除上一个输入的字符。

（4）复位键。

【RESET】复位键：按下此键，复位数控系统。

（5）输入键。

【INPUT】输入键：与外部设备通信时，按下此键，才能启动输入设备，开始输入数据到数控系统内。

（6）屏幕下端的软键。

软键即子功能键，其含义显示于当前屏幕上对应软键的位置，随主功能状态不同而各异。在某个主功能下可能有若干子功能，子功能往往以软键形式存在。

（7）编辑辅助键。

【PAGE】界面变换键：用于在 CRT 屏幕选择不同的界面。↑：向前变换界面。↓：向后变换界面。

光标移动键：用于在 CRT 界面上一步步移动光标。↑：向前移动光标。↓：向后移动光标。

7. 机床操作面板

（1）运行模式选择旋钮 MODE SELECT。

【HOME】：返回机床参考点模式。

【JOG】：手动连续进给模式。

【JOGINC】：手动断续进给模式。

【EDIT】：程序编辑模式。

【MDI】：手动数据输入模式。

【STEP】：单步加工模式。

【AUTO】：自动加工模式。

【HANDLE】：手摇脉冲发生器操作模式。

（2）进给速度倍率调节旋钮：用目前的进给速度乘上倍率得到实际进给速度。

主轴速度倍率调节旋钮：用目前的设定速度乘上倍率得到实际主轴转速。

（3）其他功能按键及旋钮。

【AXIS SELECT】旋钮：手动进给轴和方向选择旋钮。在 JOG、JOGINC 运行模式时，选择手动进给轴和方向。

【ON】【OFF】键：数控系统电源按钮。按下 ON 接通数控系统电源，按下 OFF 断开数控系统电源。

【E-STOP】键：急停按钮。当出现紧急情况时，按下此按钮，伺服进给及主轴运转立即停止工作。

8. 数控代码规范

（1）程序结构。

数控程序由各个程序段组成，每个程序段执行一个加工步骤。程序段由若干个字组成，字由地址符和数值组成，地址符必须用大写字母，最后一个程序段包含程序结束符 M02 或 M30。目前常用的是字地址可变程序段格式。

（2）数控指令。

数控指令包括准备功能指令（G 功能）、辅助功能指令（M 功能）、刀具功能指令（T 功能）、主轴功能指令（S 功能）、进给功能指令（F 功能）。常用指令如下：

G00——快速移动，模态，例如：G00X40Y50。

G01——直线插补，模态，例如：G01X40Y30Z0。

G02——顺时针圆弧插补，模态，例如：G02X40Y10R10。

G03——逆时针圆弧插补，模态，例如：G03X40Y10I10J10。

G04——暂停，单位毫秒，例如：G04P200。

G17 XY——平面选择，数控铣床默认。

G21——米制单位设定，默认。

G41/G42/G40——刀具半径左补偿/刀具半径右补偿/刀具半径补偿取消。

G43/G44/G49——刀具长度正补偿/刀具长度负补偿/刀具长度补偿取消。

G54～G59——第一工件坐标系至第六工件坐标系指定。

G80——钻孔循环取消。

G81——钻孔循环，例如：G81X10Y10Z-15R5F50。

G83——啄式钻孔循环，例如：G83X10Y10Z-15R5P300Q5F50。

G90——绝对尺寸。

G91——相对尺寸。

M00——程序停止。

M02——程序结束。

M03——主轴顺时针旋转。

M04——主轴逆时针旋转。

M05——主轴停止。

M08——冷却液打开。

M09——冷却液关闭。

M30——程序结束并返回。

M98——调用子程序，例如：M98P0032007（调用 O2007 子程序 3 次）。

M99——子程序结束。

五、XK714 数控铣床的简单操作

1. 主轴控制

（1）点动。在手动模式下，按下主轴点动键，则可使主轴正转点动。

（2）连续运转。在手动模式下，按下主轴正、反转键，主轴按设定的速度旋转，按停止键主轴则停止，也可以按复位键停止主轴。

在自动和 MDI 方式下编入 M03、M04 和 M05 可实现如上的连续控制。

2. 坐标轴的运动控制

（1）手轮操作。

1）首先进入微调操作模式，再选择移动量和要移动的坐标轴。

2）然后按正确的方向摇动手动脉冲发生器手轮。

3）根据坐标显示确定是否达到目标位置。

（2）连续进给。

选择手动模式，则按下任意坐标轴运动键即可实现该轴的连续进给（进给速度可以设定），释放该键，运动停止。

（3）快速移动。

同时按下坐标轴和快速移动键，则可实现该轴的快速移动，运动速度为 G00。

（4）手动换刀过程。

手动在主轴上装卸刀柄的方法如下：

1）确认刀具和刀柄的重量不超过机床规定的许用最大重量。

2）清洁刀柄锥面和主轴锥孔。

3）左手握住刀柄，将刀柄的键槽对准主轴端面键垂直伸入主轴内，不可倾斜。

4）右手按下换刀按钮，压缩空气从主轴内吹出以清洁主轴和刀柄，按住此按钮，直到刀柄锥面与主轴锥孔完全贴合后，松开按钮，刀柄即被自动夹紧，确认夹紧后方可松手。

5）刀柄装上后，用手转动主轴检查刀柄是否正确装夹。

6）卸刀柄时，先用左手握住刀柄，再用右手按换刀按钮，否则刀具从主轴内掉下，可能会损坏刀具、工件和夹具等。

（5）开机。

打开外部电源开关，启动机床电源，将操作面板上的紧急停止按钮右旋弹起，按下操作面板上的电源开关，若开机成功，显示屏显示正常，无报警。

（6）机床回原点。

机床只有在回原点之后，自动方式和 MDI 方式才有效，未回原点之前只能手动操作。一般在以下情况需要进行回原点操作，以建立正确的机床坐标系。

1）开机后。

2）机床断电后再次接通数控系统电源。

3）超过行程报警解除以后。

4）紧急停止按钮按下后。

（7）回原点操作过程。

1）选择手动回原点模式。

2）调整进给速度倍率开关于适当位置。

3）先按下坐标轴的正方向键+Z，坐标轴向原点运动，当到达原点后运动自然停止，屏幕显示原点符号，此时坐标显示中 *Z* 机械坐标为零。

4）依次完成 *X* 或 *Y* 轴回原点，最后是回转坐标回原点，即按+Z、+X、+Y、+A 的顺序操作。

（8）说明事项。

1）在手动控制机床移动（或自动加工）时，若机床移动部件超出其运动的极限位置（软件行程限位或机械限位），则系统出现超程报警，蜂鸣器尖叫或报警灯亮，机床锁住。处理方法一般为：首先手动将超程部件移至安全行程内，再解除报警。

2）使用刀具时，首先应确定数控铣床要求配备的刀柄及拉钉的标准和尺寸（这一点很重要，一般规格不同无法安装），根据加工工艺选择刀柄、拉钉和刀具，并将它们装配好，然后装夹在数控铣床的主轴上。

在手动换刀过程中应注意以下问题：

A. 应选择有足够刚度的刀具及刀柄，同时在装配刀具时保持合理的悬伸长度，以避免刀具在加工过程中变形。

B. 卸刀柄时，必须要有足够的动作空间，刀柄不能与工作台上的工件、夹具发生干涉。

C. 换刀过程中严禁主轴运转。

六、实验步骤

1. 开机

开机一般是先开机床再开系统，有的设计二者是互锁的，机床不通电就不能在 CRT 上显示信息。

2. 返回参考点

对于增量控制系统（使用增量式位置检测元件）的机床，必须首先执行这一步，以建立机床各坐标的移动基准。

3. 输入数控程序

若是简单程序可直接采用键盘在数控系统控制面板上输入，若程序非常简单且只加工一件，同时程序没有保存的必要，采用 MDI 方式输入，外部程序通过 DNC 方式输入数控系统内存。

4. 程序编辑

输入的程序若需要修改，则要进行编辑操作。此时将方式选择开关置于编辑位置，利用编辑键进行增加、删除、更改。编辑后的程序自动保存。

5. 空运行校验

机床锁住，机床后台运行程序。此步骤是对程序进行检查，若有错误，则需重新进行编辑。

6. 对刀并设定工件坐标系

采用手动进给移动机床，使刀具中心位于工件坐标系的零点，该点也是程序的起始处，将该点的机械坐标写入 G54 偏置，按“确定”键完成。

7. 自动加工

加工中可以按进给保持按钮，暂停进给运动，观察加工情况或进行手工测量，再按下循环启动按钮，即可恢复加工。

8. 关机

一般应先关闭数控系统，最后关闭机床电源。

七、安全注意事项

（1）每次开机前要检查一下铣床润滑油泵中的润滑油是否充裕，切削液是否足够等。

（2）开机时，首先打开总电源，然后按下数控系统电源中的开启按钮，把急停按钮顺时针旋转，按下铣床复位按钮，使机床处于待命状态。

（3）在手动操作时，必须时刻注意，在进行 *X*、*Y* 方向移动前，必须使 *Z* 轴处于抬刀位置。移动过程中，不能只看 CRT 屏幕中坐标位置的变化，而要观察刀具的移动。

（4）在编程过程中，对于初学者来说，尽量少用 G00 指令，特别在 *X*、*Y*、*Z* 三轴联动中，更应注意。在走空刀时，应把 *Z* 轴的移动与 *X*、*Y* 轴的移动分开进行，即多抬刀、少斜插，避免刀具碰到工件而发生破坏。

（5）在利用 DNC 功能时，要注意铣床的内存容量，一般从计算机向铣床传输的程序大小应小于 23KB。如果程序比较长，则必须采用由计算机边传输边加工的方法，但程序段号，不得超过 N9999。如果程序段超过一万个，可以借助程序编辑功能，把程序段号取消。

（6）铣床出现报警时，要根据报警号查找原因，及时解除报警，不可关机了事，否则开机后仍处于报警状态。

实验报告

二〇　　年　　月　　日

实验名称：数控铣床结构分析及基本操作

班级：________　姓名：________　同组人：________

指导教师评定：________　签名：________

一、实验目的：

二、实验原理：

三、实验设备：

四、实验步骤：

五、思考与讨论：

1．简述数控铣床坐标轴的确定方法，并画出 XKA714 数控铣床的坐标系。

2．说明 FANUC 0i-MC 数控系统控制面板及其主要按键旋钮的功能。

3．数控铣床常用指令有哪些？按照准备功能、辅助功能、刀具功能、主轴功能、进给功能分别说明指令的含义和规范。

4．归纳数控铣床操作步骤。

5．画出你所加工零件的零件图，并完整编制数控程序。

实验六　滚齿机的调整

一、实验目的

1．通过一个螺旋直齿圆柱齿轮的加工，加深对滚齿机工作原理的了解。
2．掌握各传动链的调整和配换挂轮的计算方法。
3．熟悉滚刀和工件的安装调整及工件尺寸的控制方法。
4．学习滚齿机的操作技术。

二、实验要求

1．根据加工零件和滚刀数据进行各组配换挂轮的计算并安装。
2．安装滚刀和工件，并调整其相对位置。
3．加工出一个合格的零件。

三、实验设备

（1）YM3150E 型滚齿机的主要技术性能，参考设备说明书。
（2）YM3150E 型滚齿机的配换齿轮齿数。
1）主运动速度配换挂轮$\left(\frac{A}{B}\right)$。
模数 M=3，共 4 个，齿数分别为：22、33（2 个）、44。
2）结构性挂轮$\left(\frac{e}{f}\right)$。
模数 M=2，共 6 个，齿数分别为：24、36（4 个）、48。
3）范成运动$\left(\frac{a}{b}\times\frac{c}{d}\right)$轴向进给$\left(\frac{a_1}{b_1}\right)$以及差动传动$\left(\frac{a_2}{b_2}\times\frac{c_2}{d_2}\right)$的配换挂轮共用一套。

模数 M=2，共 46 个，齿数分别为：20（2 个）、23、24、25、26、30、32、33、34、35、37、40、41、43、45、46、47、48、50、52、53、55、57、58、59、60、61、62、65、67、70、71、73、75、79、80、83、85、89、90、92、95、97、98、100。

四、机床的调整

1．主运动（滚刀的旋转运动）挂轮的计算
（1）按表 6.1 所列选定的 V 切削速度（m/min）和滚刀外径 D（mm）计算滚刀转速 n（r/min）。

$$n_{滚刀}=\frac{1000V}{\pi D}\quad(\text{r/min})$$

表 6.1 切削速度 V

工件材料	切削速度 V/（m/min）	
	粗加工	精加工
铸件	16～20	20～25
钢（强度＜60kg/mm² 时）	25～28	30～35
钢（强度>60kg/mm² 时）	20～25	25～30
有色金属	25～50	
塑料	25～40	

（2）根据计算所得的$n_{滚刀}$，按表 6.2 所列，选取机床 9 种转速中最接近的一种，从而确定主运动挂轮$\left(\dfrac{A}{B}\right)$。

表 6.2 机床转速表

滚刀转速调速	A　B		
变速箱手柄位置	A/B		
	$\dfrac{22}{44}$	$\dfrac{33}{33}$	$\dfrac{44}{22}$
	滚刀转速 n/（r/min）		
$\left(\dfrac{27}{47}\right)$	40	80	160
$\left(\dfrac{50}{50}\right)$	63	125	250
$\left(\dfrac{31}{39}\right)$	50	100	200

注：滚刀的旋转方向由电器操纵站的换向开关控制。

2. 范成运动配换拉轮的计算调整

（1）参考表 6.3 所列计算u_x。

表 6.3 u_x 参数表

当：工件齿数为 Z，滚刀头数为 K 时	$5\leqslant\dfrac{Z}{K}\leqslant 20$	$21\leqslant\dfrac{Z}{K}\leqslant 142$	$143\leqslant\dfrac{Z}{K}$
取：e、f	e=48，f=24	e=36，f=36	e=24，f=48
则：u_x	$\dfrac{a}{b}\times\dfrac{c}{d}=\dfrac{12K}{Z}$	$\dfrac{a}{b}\times\dfrac{c}{d}=\dfrac{24K}{Z}$	$\dfrac{a}{b}\times\dfrac{c}{d}=\dfrac{48K}{Z}$

（2）配搭：加工螺旋圆柱齿轮时，范成运动挂轮搭配见表 6.4（逆铣见表 6.4，顺铣相反）。

表 6.4 范成运动挂轮配搭参考表（逆铣）

滚刀旋向		右旋滚刀	左旋滚刀
范成挂轮的配搭	挂 a、b、c、d 四个齿轮时	Ⅸ Ⅹ Ⅻ XⅢ e f a b c d	Ⅸ Ⅹ Ⅺ Ⅻ XⅢ e f z=36 a b c d
	挂中间轮时	Ⅸ Ⅹ Ⅻ XⅢ e f a 中间轮 d	Ⅸ Ⅹ Ⅺ Ⅻ XⅢ e f z=36 a 中间轮 d
工作台的旋转方向			

3. 差动机构配换挂轮的计算及惰轮的确定

（1）注意事项。

1）差动时在轴上装上离合器 M_2。

2）使用差动时，手柄 2 只能处于“接通轴向”位置，当采用多次走刀加工斜齿轮时，在工件未完全加工好之前，不能中途改变手柄 2 的位置。

（2）差动挂轮计算及惰轮确定见表 6.5。

表 6.5 差动挂轮计算及惰轮确定

类别	调整公式 u_y	公式中正负号的确定（“—”时加惰轮）		
		工件	滚刀	
			右旋	左旋
加工斜齿圆柱齿轮（公式Ⅰ）	$\frac{a_2}{b_2}\times\frac{c_2}{d_2}=\pm 9\frac{\sin\beta}{M_{法}\cdot K}$	右旋	—	+
		左旋	+	—
加工大于 100 的质数直齿轮（公式Ⅱ）	$\frac{a_2}{b_2}\times\frac{c_2}{d_2}=\pm\frac{625\Delta}{32u_f\cdot K}$	逆铣	—	
		顺铣	+	
加工大于 100 的质数直齿轮（公式III）	$\frac{a_2}{b_2}\times\frac{c_2}{d_2}=\pm 9\frac{\sin\beta}{M_{法}\cdot K}\pm\frac{625\Delta}{32u_f\cdot K}$	式中第一项和第二项前的正负号分别按公式Ⅰ、Ⅱ确定		

（3）加工斜齿轮时差动挂轮搭配见表 6.6。

表 6.6 差动挂轮配搭参考表

<table>
<tr><td rowspan="2">工件
滚刀</td><td colspan="2">右旋</td><td colspan="2">左旋</td></tr>
<tr><td>左旋</td><td>右旋</td><td>左旋</td><td>右旋</td></tr>
<tr><td>差动挂轮配搭</td><td> 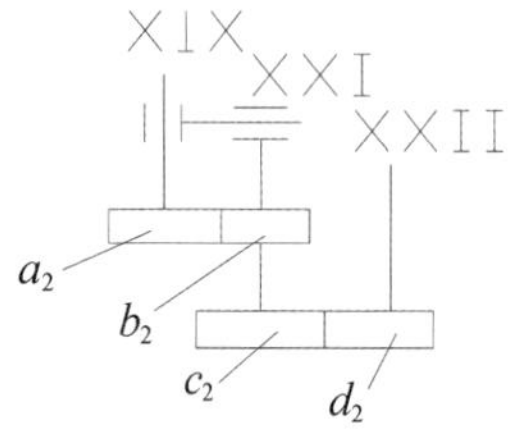XIX XXI XXII a_2 b_2 c_2 d_2</td><td colspan="2"> 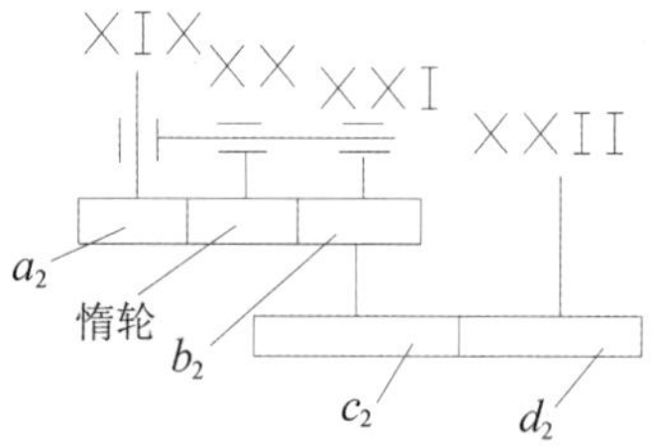XIX XX XXI XXII a_2 惰轮 b_2 c_2 d_2</td><td> 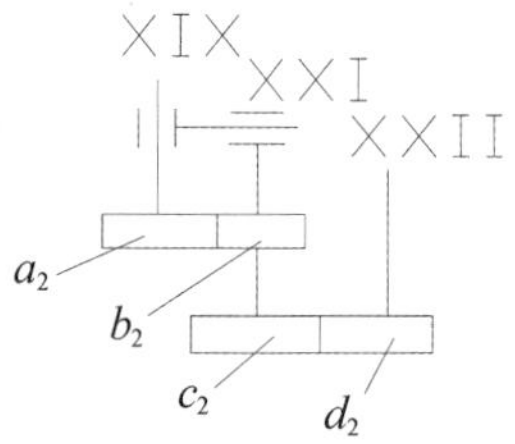XIX XXI XXII a_2 b_2 c_2 d_2</td></tr>
</table>

4. 轴向进给配换挂轮的确定及安装

（1）$u_s = \frac{a_1}{b_1} \times u_{进给箱} = \frac{S}{0.4608\pi}$

式中的轴向进给量 S（mm/r）根据齿坯材料、齿面光洁度要求、粗精加工、铣削方式（顺铣或逆铣）、加工精度等实际情况而定，一般取在 0.5～3mm/r 范围内。

（2）根据上述情况确定 S 之后，再按表 6.7 所列机床的 12 种进给量选取最接近的一种，从而确定轴向进给挂轮 a_1 / b_1。

表 6.7 轴向进给量

<table>
<tr><td rowspan="3">进给箱手柄位置</td><td colspan="4">$\frac{a_1}{b_1}$</td></tr>
<tr><td>$\frac{26}{52}$</td><td>$\frac{32}{46}$</td><td>$\frac{46}{32}$</td><td>$\frac{52}{26}$</td></tr>
<tr><td colspan="4">S</td></tr>
<tr><td>I（$\frac{30}{54}$）</td><td>0.4</td><td>0.56</td><td>1.16</td><td>1.6</td></tr>
<tr><td>II（$\frac{39}{45}$）</td><td>0.63</td><td>0.87</td><td>1.8</td><td>2.5</td></tr>
<tr><td>III（$\frac{49}{35}$）</td><td>1</td><td>1.41</td><td>2.9</td><td>4</td></tr>
</table>

（3）挂轮 $\frac{a_1}{b_1}$ 的安装。I

注：1）当使用右旋滚刀时，$\frac{a_1}{b_1}$ 挂轮的安装如图 6.1 所示。

2）当使用左旋滚刀时，$\frac{a_1}{b_1}$ 挂轮的安装与如图 6.1 所示相反，即逆铣时 a_1 装在ＸＸ轴上，顺铣时装在ＸＩＸ轴上。

3）ＸＩＸ轴与ＸＸ轴之间不准挂轮齿合。

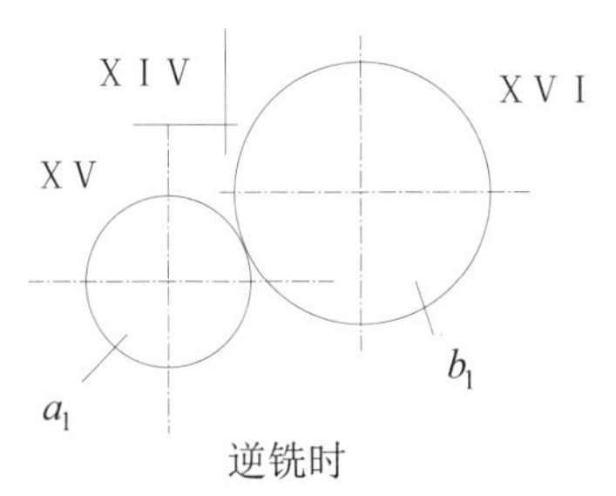

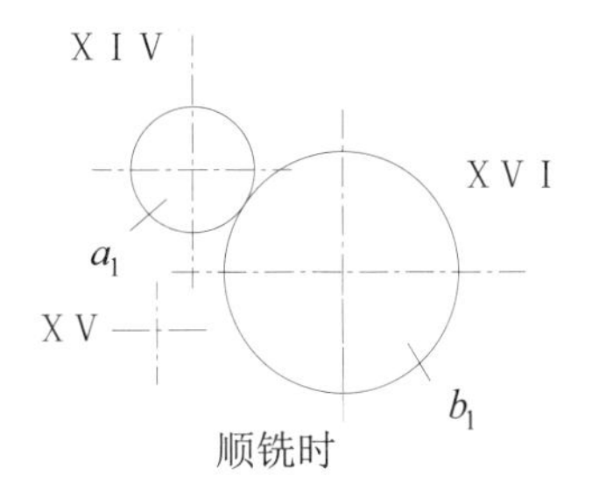

图 6.1　挂轮安装图

五、实验步骤

（1）根据机床传动系统图，了解机床传动结构及其调整和使用方法。

（2）按被加工齿轮的零件图，滚刀的数据以及机床所备有的配换挂轮，计算并选择挂轮及其搭配方法。

（3）安装配换挂轮和惰轮。

（4）润滑机床，经实验指导教师检查后，开空车运转试车，注意各运动方向是否正确。

（5）安装工件。

工件安装的正确性，直接影响被加工齿轮的精度，因而将工件正确和牢靠地装好。

1）安装前，先用百分表检查心轴的径向跳动量不得大于 0.02mm。

2）擦净工件与心轴的配合表面，将工件装上心轴，套上垫圈，拧紧螺母，将工件牢固地装夹在工作台上，并用后立柱移动支架上的轴套支柱心轴上端。

3）用百分表检查工件的径向跳动和端面跳动量，使其符合工件的要求。

（6）安装滚刀。

滚刀安装得正确与否，也直接影响被加工齿轮的精度，因此滚刀安装必须正确牢固。

1）安装前，必须用百分表先检查滚刀心轴的径向和端面跳动量，均不得大于 0.02mm。

2）安装时，应将滚刀孔和端面、间隔环的端面、主轴锥孔及滚刀轴的污物、毛刺等清理干净，紧固滚刀时，应尽量少用间隔环，并注意调好滚刀相对于工件的对中位置。

3）滚刀安装并紧固后，用百分表在滚刀的两端台阶面上检查其同一方向上的径向跳动量不得大于 0.03mm，如果超过允许的跳动量，可利用间隔环端面上的不平行性来调整它。

4）按刀架转盘的刻度和滑尺上的副尺调整滚刀的安装角 ω。

（7）脱开轴向进给传动链（将手柄 1 扳到“断开轴向”位置）手动降刀架，使滚刀中心对准工件上端面。

（8）将“液压电动机启停旋钮”扳至“启动”位置，当供油润滑达到正常后，润滑信号灯亮。

（9）将“工作台液压快速向前，退后旋钮”旋至“向前”位置，使工作台快速向前移动 50mm。

（10）开动机床，使滚刀和工件旋转，手摇径向进给方头手柄（XXⅣ轴），使工件慢慢接近滚刀，直到工件与滚刀刚刚接触，使滚刀轻轻相切于工件外圆，当工件与滚刀接触对滚一圈后，停车。从工件表面所切出的刀痕检查齿数及螺旋线方向是否正确，记下此时的径向刻度值或对“0”。

（11）手动将刀架向上移离工件，然后手动径向进给，至粗加工的切削深度（径向进给刻度盘上每小格为0.02mm，一转为2mm）。

注：一般模数小于3时采用一次粗加工，一次精加工，模数大于3时采用两次粗加工，一次精加工。

（12）调整刀架轴向工作行程挡块（*a*、*b*、*c*）的位置，刀架行程的最终位置应适当超出被切齿轮端面。

当顺铣时：调整下面一个挡块 *b* 与 *c* 位置。

当逆铣时：调整上面一个挡块 *a* 与 *c* 位置。

（13）接通轴向进给传动链（将手柄扳到“接通轴向”位置），开车，进行粗加工。

（14）粗加工完成后，停车，接通快速进给（按“刀架快速向上”按钮），使刀架快速向上退离工件。

（15）手动径向进给，至精加工吃刀深度（至全齿深）。

（16）按精加工切削用量，改换主运动和轴向进给挂轮。开车进行精加工。

（17）加工完毕后，停车，快速向上退回刀案，检查工件尺寸，快速退出工作台。

（18）卸下工件、滚刀及全部挂轮，清理机床和工作地点。

（19）写实验报告。

六、安全注意事项

（1）在复习YM3150E型滚齿机所学的全部内容的基础上，认真预习本指导书。

（2）根据被加工齿轮的要求，必须在实验前算出机床调整所需的全部数据。

（3）实验时严格遵守安全操作规范。

1）切实执行实验室安全操作的有关规定，爱护机床设备。

2）装卸滚刀、工件时不要碰损机床、滚刀和手。

3）配换齿轮箱盖前不得开车。

4）未经指导教师同意，不准开车。

5）工作时严禁靠近滚刀。

（4）记载调整中发生的问题并加以分析。

扩展阅读：机床的调整

（1）分齿挂轮架的调整见表6.3。

（2）差动机构调整计算见表6.5。

（3）差动机构可换离合器的调整见表6.8。

表 6.8　差动机构可换离合器的调整

类型	不使用差动机构	使用差动机构
装置图	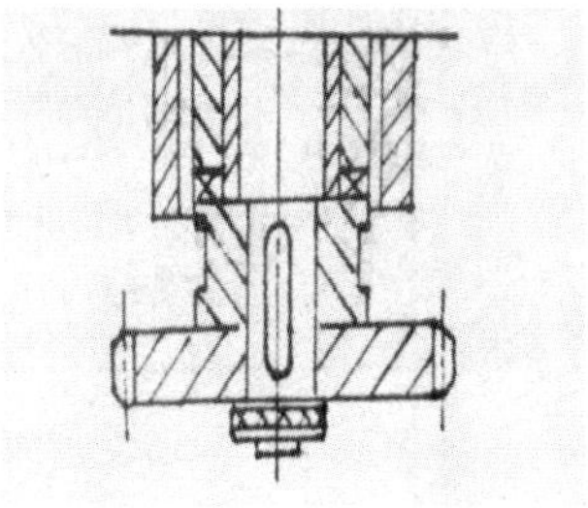	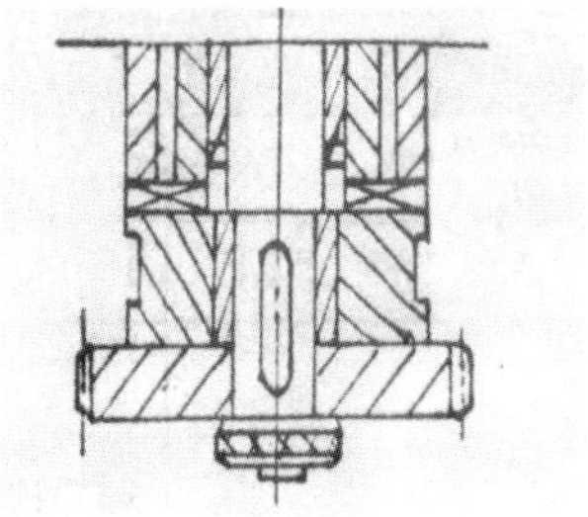

（4）加工质数齿轮计算差动挂轮时，轴向进给量与 μ_f 的对照表见表 6.9。

表 6.9　轴向进给量与 μ_f 的对照表

进给量	μ_f	进给量	μ_f	进给量	μ_f	进给量	μ_f
0.4	$\frac{5}{18}$	0.56	$\frac{16}{23}\times\frac{5}{9}$	1.16	$\frac{23}{16}\times\frac{5}{9}$	1.6	$\frac{9}{10}$
0.63	$\frac{13}{30}$	0.87	$\frac{16}{23}\times\frac{13}{15}$	1.8	$\frac{23}{16}\times\frac{13}{15}$	2.5	$\frac{26}{15}$
1	$\frac{7}{10}$	1.41	$\frac{16}{23}\times\frac{7}{5}$	2.9	$\frac{23}{16}\times\frac{7}{5}$	4	$\frac{14}{5}$

（5）机床传动系统。

1）机床的主运动。

机床的主运动由装在床身上的电动机驱动。电动机功率为 4W，额定转速为 1430r/min。主电机启动后的旋转运动和扭矩经三角皮带（A1448）降速传入主转动箱，在主转动箱经挂轮及推挡变速，获得 9 种转速（见表 6.2），主轴的旋转方向由电器操纵站的换向开关控制（见表 6.2）。

2）机床的分度运动。

当用 K 头滚刀加工齿数为 Z 的齿轮时，滚刀转一转，工作台带着工件旋转 K/Z 转。

分度运动的调整是由分齿挂轮架来实现的，分齿挂轮架调整公式如下：

$$\frac{a\cdot c}{b\cdot d}=\frac{24K}{Z}\cdot\frac{f}{e}$$

当 $5\leqslant\frac{Z}{K}\leqslant 20$ 时：

$$e=48,\ f=24$$

$$\frac{a\cdot c}{b\cdot d}=\frac{12K}{Z} \tag{6.1}$$

当 $21\leqslant\frac{Z}{K}\leqslant 142$ 时：

$$e=36,\ f=36$$

$$\frac{a\cdot c}{b\cdot d}=\frac{24K}{Z} \tag{6.2}$$

当$143\leqslant\frac{Z}{K}$时：

$$e=24,\ f=48$$

$$\frac{a\cdot c}{b\cdot d}=\frac{48K}{Z} \tag{6.3}$$

3）机床的进给运动。

本机床可实现以下几种进给运动。

A．径向进给：本机床径向进给是工作台沿床身水平导轨方向的进给运动。径向进给运动是靠手动实现的。手摇方头扳手柄 1 转，工作台径向移动 2mm，其刻度盘上每小格为 0.02mm。

B．轴向进给：本机床的轴向进给是刀架沿立柱导轨方向的进给运动。轴向进给运动为机动，通过挂轮器对一个推挡齿轮变速箱变速，而获得 12 种进给量（见表 6.7），挂一对齿轮可获得三种进给量。当使用右旋滚刀加工齿轮时，挂轮的安装见表 6.7，当使用左旋滚刀加工齿轮时，采用顺铣或逆铣时，挂轮的安装位置与表 6.7 所示刚好相反。

当使用轴向进给时，应将手柄 2 放在“接通轴向”位置，当要断开轴向时，手柄 2 应放在“断开轴向”位置。

4）机床的差动运动。

本机床具有圆柱齿轮差动机构及完整的差动链，当不需要差动时，在轴Ⅸ上装上三爪差合器 M1（91312）。当需用差动时，在轴Ⅸ上装上三爪差合器 M2（91316）。使用差动时不能改变手柄 2 的位置。采用轴向进给方式加工不同工件时，其差动链的调整如下所述。

A．采用轴向进给方式加工斜齿圆柱齿轮时差动链的调整计算。此时，差动链给予工作台的补偿运动为：当滚刀垂直移动一个工件的螺旋导程长度 L 时，差动链给予工作台补偿运动是正或负一转，手柄 2 只能处于“接通轴向”位置。

工件的螺旋导程为

$$L=\frac{M\cdot\pi\cdot Z}{\sin\beta} \tag{6.4}$$

式中：β为齿轮螺旋角；M为齿轮模数；Z为齿轮齿数。

正号时不用惰轮，负号时用惰轮。正负号的确定见表 6.10。

表 6.10　正负号的确定

工件	刀具	
	右旋	左旋
右旋	−	+
左旋	+	−

B．采用轴向进给方式加工质数直齿圆柱齿轮时，差动链的调整计算：当加工 100 齿以上的质数及其整倍数直齿轮时，不能只用分齿挂轮架调整，此时需要借助装置作用。手柄 2 只能处于“接通轴向”位置。

质数齿轮的齿数Z'可以化为

$$Z' = Z + \alpha \tag{6.5}$$

式中：Z 为可在分齿挂轮架上调整出来的齿数；α 为代数值（既可为正值，也可为负值），且$|\alpha| \leqslant 1$。

先将分齿挂轮架按

$$\frac{a \cdot c}{b \cdot d} = \frac{24K}{Z'} \quad 或 \quad \frac{a \cdot c}{b \cdot d} = \frac{48K}{Z'} \tag{6.6}$$

调整好，然后按下列公式计算差动挂轮架。

$$\frac{a_2 \cdot c_2}{b_2 \cdot d_2} = \pm \frac{525\alpha}{32\mu_f K} \tag{6.7}$$

计算时应将α的正负号代入（即代入α的代数值）。

公式（6.7）前正负号按表 6.11 确定。

表 6.11　公式（6.7）前正负号的确定

铣削加工	顺铣	逆铣
正负号	+	−

计算结果为正时不用惰轮，为负时用惰轮。

μ_f 按表 6.12 查询。

C. 采用轴向进给加工大于 100 齿的质数及其整倍数斜齿圆柱齿轮时，差动的计算按下列公式：

$$\frac{a_2 \cdot c_2}{b_2 \cdot d_2} = \pm 9\frac{\sin\beta}{MK} \pm \frac{625\alpha}{32\mu_f K} \tag{6.8}$$

公式（6.8）中第一部分的正负号按表 6.10 确定，第二部分的正负号按表 6.11 确定。

计算时应将 α 的正负号代入，μ_f 按表 6.12 选择，计算结果若为正值，则不用惰轮，若为负值，则应用惰轮。手柄 2 只能处于“接通轴向”位置。

表 6.12　μ_f数值

手柄位置	$\frac{a_1}{b_1}$							
	26/52		32/46		46/32		52/26	
	S 轴向	μ_f	S 轴向	μ_f	S 轴向	μ_f	S 轴向	μ_f
I	0.40	$\frac{5}{18}$	0.56	$\frac{16}{23}\times\frac{5}{9}$	1.16	$\frac{23}{16}\times\frac{5}{9}$	1.6	$\frac{10}{9}$
II	0.63	$\frac{13}{30}$	0.87	$\frac{16}{23}\times\frac{13}{15}$	1.8	$\frac{23}{16}\times\frac{13}{15}$	2.5	$\frac{26}{15}$
III	1.00	$\frac{7}{10}$	1.41	$\frac{16}{23}\times\frac{7}{5}$	2.9	$\frac{23}{16}\times\frac{7}{5}$	4	$\frac{14}{5}$

通过加工直齿圆柱齿轮，举例说明机床的调整。

例 1：直齿圆柱齿轮：齿数 Z=46，模数 M=3，齿宽 B=40mm

滚刀：直径 D=70mm，头数 K=1，ω =4°右旋

切削范围：切削速度 V=35m/min

切齿全深 H=6.75mm

切削行程次数 2 次，第一次走刀 n_1 =5，第二次走刀 n_2 =1.75

轴向进给量，第二次走刀 $S_{轴2}$ =1.16，采用逆铣。

（1）工件的安装。工件安装的正确性，直接影响加工齿轮的精度，因而应将工件正确而牢靠地安装并应达到在加工过程中不发生任何松动，对于直径较小的工件，可直接安装在本机床所附的工件心轴（该工件心轴直径为 $\Phi30d$）上。在使用工件心轴加工时，必须使用后立柱移动支架上的轴承支柱轴端。当加工较大工件时，则将工件安装在工件台具上。

本例工件宜直接安装在工件心轴上。

（2）滚刀安装的正确性直接影响加工齿轮的精度，安装时应将滚刀孔和端面、间隔环的端面、主轴锥孔及滚刀心轴的污物毛刺等清除干净，并保持清洁。否则，滚刀心轴装入主轴锥孔，就会发生倾斜，甚至拉伤主轴锥孔和滚刀心轴，丧失机床精度。

滚刀的安装角即为滚刀轴心线与水平位置的夹角。

当切削直齿圆柱齿轮时，滚刀的安装角等于滚刀的螺旋角，滚刀的正确安装如图 6.2 所示。

注：切削直齿圆柱齿轮时滚刀的安装，滚刀安装角 δ 等于滚刀螺旋角 ω，刀架在调整安装角时，可根据刀架上的刻度尺滑板上的副尺进行调整。

（3）主轴转速的选择及调整。

切削速度可根据公式计算：

$$V_{切} = \frac{\pi \cdot D \cdot n_{刀}}{1000} \quad (\text{m/min})$$

式中：D 为滚刀直径（mm）；$n_{刀}$ 为主轴转速（r/min）。

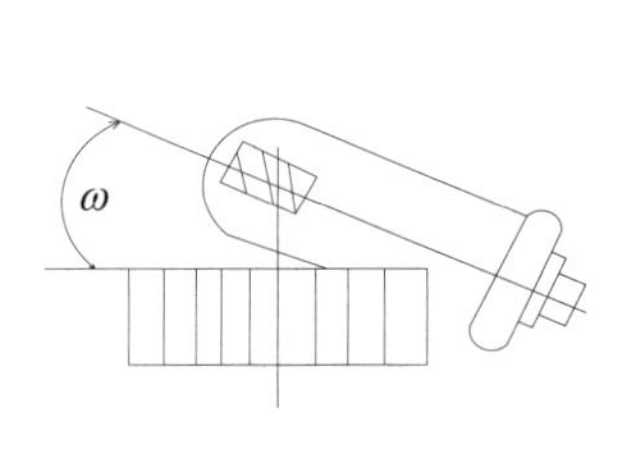

右旋滚刀

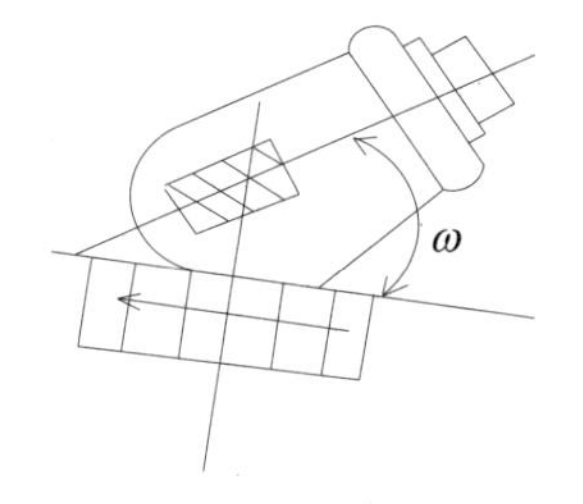

左旋滚刀

图 6.2　切削直齿圆柱齿轮时滚刀的安装

当根据被切削齿轮的材料、硬度、模数、精度和光洁度选定切削速度 $V_{切}$ 后，可根据下面公式计算主轴转速：

$$n_{刀} = \frac{1000 \cdot V_{切}}{\pi \cdot D} \quad (\text{r/min})$$

若计算结果不是本机九级转速中的一级，则应选取与计算结果相近的一级主轴转速。

根据切削速度计算图（图 6.3）查主轴转速。

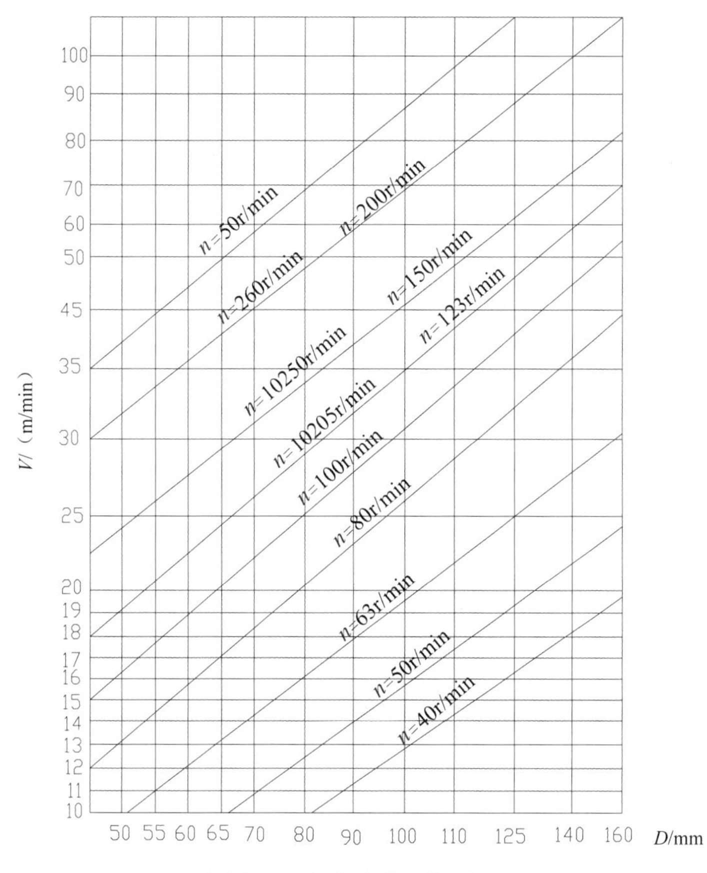

图 6.3　切削速度计算图

选定的主轴速度应低于或等于表 6.13 中所规定的主轴允许最高转速。

机床工作未满 600h 以前，主轴允许的最高转速应该比表 6.13 中所列的数值低一级。

表 6.13　各种加工条件下主轴允许最高转速

1 头滚刀		2 头滚刀		3 头滚刀		4 头滚刀	
齿轮齿数	允许最高转速/（r/min）	齿轮齿数	允许最高转速/（r/min）	齿轮齿数	允许最高转速/（r/min）	齿轮齿数	允许最高转速/（r/min）
5	40	10～11	40	15～17	40	20～22	40
6	50	12～13	50	18～20	50	23～27	50
7～8	63	14～17	63	21～26	63	28～35	63
9～11	80	18～22	80	27～35	80	36～44	80
12～15	100	23～27	100	36～41	100	45～55	100
14～17	125	28～35	125	42～53	125	56～71	125
18～22	160	36～44	160	54～68	160	72～88	160
23～27	200	45～54	200	69～83	200	89～111	200
等于或大于 28	250	等于或大于 55	250	等于或大于 84	250	等于或大于 112	250

本例中，根据切削速度$V_{切}$=35m/min 及滚刀直径 D=70mm，查得主轴转速为 n=160r/min。该转速低于表 6.13 所规定的主轴允许最高转速，可以使用。

（4）分齿挂轮的计算和调整。

挂轮的计算参考公式（6.4）、公式（6.5）或公式（6.6）。

若滚刀为单头滚刀，则可从表 6.13 直接选择（大于 250 齿的请自行计算）。

本机床允许的最少加工齿数见表 6.14，但当新机床工作未满 600h 以前，不允许加工表 6.14 所列最少齿数齿轮，其允许加工的最少齿数为表 6.14 所列数值的 1.5 倍。

表 6.14 允许的最小加工齿数

滚刀头数	1	2	3	4
允许最小加工齿数	5	10	15	20

分齿挂轮的配搭见表 6.15，使用右旋滚刀时，加惰轮，使用左旋滚刀时，不加惰轮。

本例中：应在轴区上装三爪离合器 M（91312），被加工齿轮齿数为 Z=46，大于表 6.14 所列允许的最小加工齿数，可以加工。

参考“三、实验设备”中范成运动配换的模数 M=2 的挂轮，得出分齿挂轮为

$$a=48，d=92$$

因使用右旋滚刀，所以分齿挂轮应按表 6.15 搭配。

（5）轴向进给量的调整。

根据选定的一组走刀量（即粗加工走刀量及精加工走刀量），调整轴向走刀量。本例中：根据选用的第一组走刀量。

a 及 b 的齿轮对 $z36$ 即为惰轮。

$$S_{粗}=1.41\text{mm/r}$$

$$S_{精}=0.87\text{mm/r}$$

参考“三、实验设备”中范成运动配换的模数 M=2 的挂轮，得挂轮 a_1、b_1，并应将挂轮 a_1 和 b_1 分别安装在轴X I V、X V I上。

表 6.15 加工直齿圆柱齿轮时分齿挂轮的配搭

滚刀走向	右旋滚刀	左旋滚刀
分齿挂轮的配搭	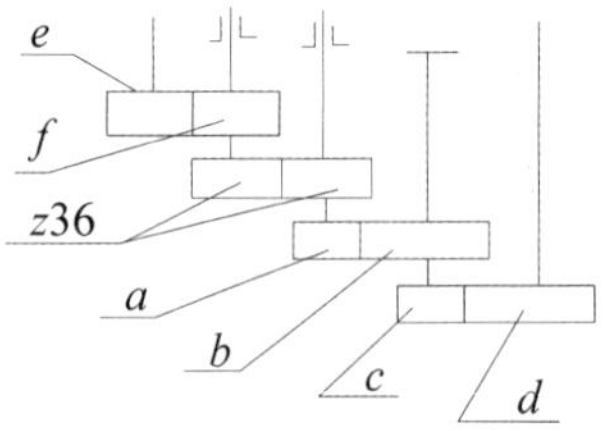 e, f, z36, a, b, c, d	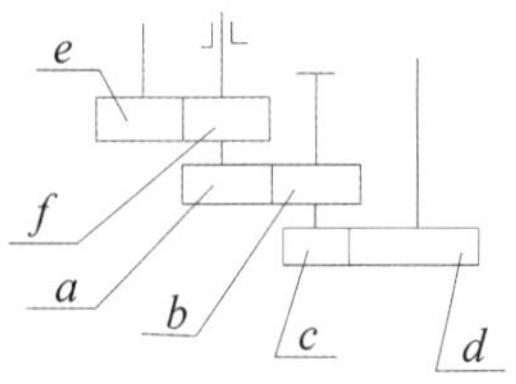 e, f, a, b, c, d
	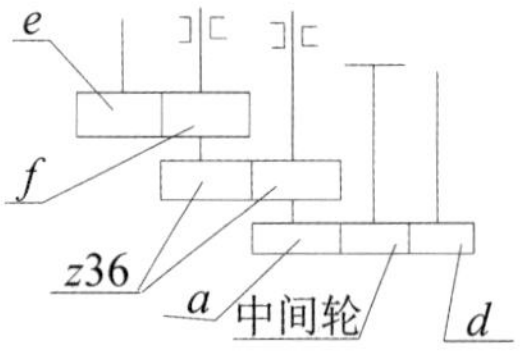 e, f, z36, a, 中间轮, d	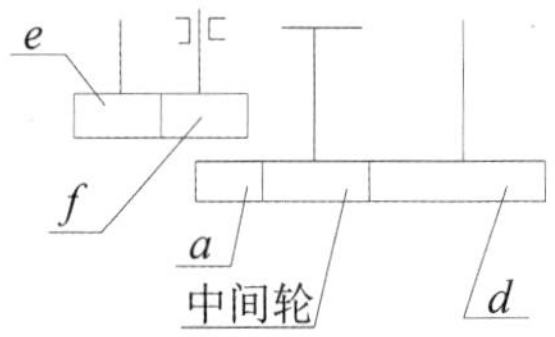 e, f, a, 中间轮, d

续表

滚刀走向	右旋滚刀	左旋滚刀
工作台 旋转方向	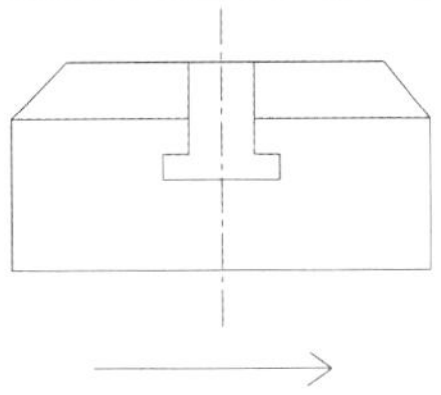 →	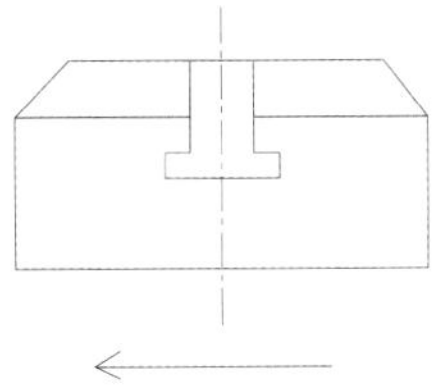 ←

（6）刀架工作行程挡块位置的调整。

在采用顺铣或逆铣时，刀架工作行程的最终位置均应超出被切齿轮端面适当距离，应在此条件下调整刀架工作行程挡块位置。

当顺铣时，刀架工作行程挡块应使用下面一个挡块；当逆铣时，刀架工作行程挡块应使用上面一个挡块。

（7）工作台液压快速的使用。

当成批加工同一规格的齿轮时，为了缩短调整机床的时间，可以使用液压快速移动工作台。在精确调整滚刀与工件中心距的情况下，加工第一个齿轮后，可不再调整机床。加工下一个齿轮时，只将工作台快速驱进，就可以精确地回到加工第一个齿轮的位置，然后轴向进给。

注：加工时工作台液压驱动旋钮必须放在“向前”位置，使工作台受油缸向前的推动力，以保证在切削过程中，工作台保持精确位置。

（8）精加工的调整。

当齿轮分粗、细加工两次走刀时，就必须要进行一次精加工调整，在第一次粗加工完后的精加工调整包括以下几方面。

1）滚刀主轴转速的调整：同粗加工的调整方法一样，本例因第一次和第二次切削时切削速度一样，所以不用调整。

2）轴向走刀量的调整：只需根据表 6.7 将变速手柄扳到Ⅰ或Ⅱ即可。本例轴向走刀量手柄扳到Ⅱ。

3）切削深度的调整：在粗加工位置上，手动工作台趋近滚刀至全齿深。

（9）停车。

当切削完后，机床便自动停车，此时应将立柱手柄Ⅰ扳到快速，然后再分别使工作台及刀架退回原始位置。

实验报告

二〇　　年　　月　　日

实验名称：滚齿机的调整

班级：________　姓名：________　同组人：________

指导教师评定：________　签名：________

一、实验目的：

二、实验原理：

三、实验设备：

四、实验步骤：

五、实验结果：

原始数据：

工件				滚刀			
材料		螺旋方向	/	材料		螺旋方向	
模数 M		螺旋角 β	/	模数 M		螺旋升角	
齿数 Z		齿宽		头数 K		外径 D	

1．主运动

工序	切削速度 V	滚刀转数 n	配换挂轮 A/B	变速手柄位置
粗加工				
精加工				

2．范成运动

工件齿数 Z/滚刀头数 K	结构性挂轮 $e \cdot f$	配换挂轮 $a/b \times c/d$	惰轮

范成运动挂轮安装示意图：

3．轴向进给

工序	进给量 S	挂轮 a/b	进给箱手柄位置
粗加工			
精加工			

安装示意图：

4．滚刀的安装

（1）滚刀安装角 δ 的计算：

（2）滚刀与工件相对位置示意图（标出滚刀安装角 δ、滚刀和工件的旋转方向、螺旋线方向、工件附加运动的旋转方向）：

六、思考与讨论：

1．实验中出现了什么问题？

2．试叙述滚齿加工的调试方法及步骤

3．加工斜齿轮时，差动运动和分齿是怎样合成的？

4．滚齿加工为什么用机油来做切削液？其作用是什么？

实验七　刀具现场课

一、实验目的

1. 巩固课堂上所学到的理论知识，加深对理论知识的理解。
2. 了解常用机床刀具的几何角度、结构特点及用途。
3. 了解齿轮加工刀具、螺纹加工刀具、深孔加工刀具的几何角度及结构特点。

二、实验步骤

1. 由教师讲解常用机床刀具的几何角度、工作原理、结构特点及用途。
2. 学生在教师讲解的基础上提出自己所要进一步了解的问题。

三、实验内容

（1）车床刀具（简称“车刀”）的几何角度、结构特点及用途。

车刀是用于普通车床、转塔车床、自动车床和数控车床的刀具，它是生产中加工回转面工件时应用最为广泛的一种刀具。车刀在形式上，通常根据加工表面特征可分为外圆车刀、端面车刀、螺纹车刀、切断刀、内孔切槽刀等。也可以从结构上分为整体式车刀、焊接式车刀、机夹式车刀和可转位车刀。下面详细讲解焊接式车刀和可转位式车刀。

焊接式车刀如图 7.1 所示。焊接式车刀是将一定形状的硬质合金刀片和刀杆通过钎焊连接而成。焊接车刀刀杆常用中碳钢制造，截面有矩形、方形和圆形三种。普通车床多采用矩形截面。当切削力较大时（尤其是进给抗力较大时），可采用方形截面。圆形刀杆多用于内孔车刀。

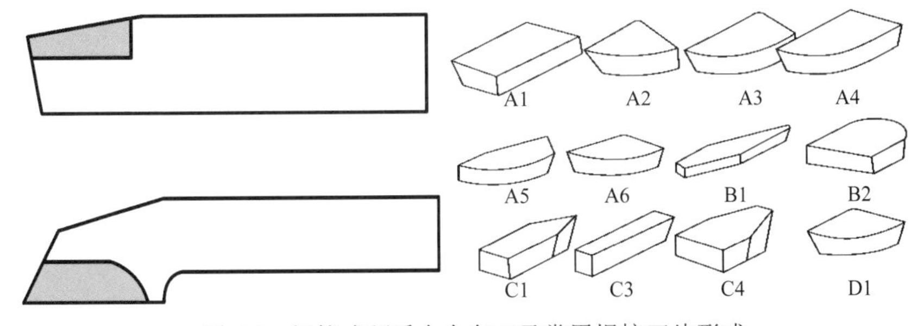

图 7.1　焊接式硬质合金车刀及常用焊接刀片形式

可转位式车刀如图 7.2 所示。可转位式车刀由可转位刀片、刀垫、刀杆、夹紧机构组成，切削性能好，辅助时间短，生产率高。

刀片夹紧方式如下：

1）上压式：夹紧力大，定位可靠，阻碍流屑。

2）偏心式：结构简单，不碍流屑，夹紧力不大。

3）综合式：夹紧力大，耐冲击，结构复杂。

4）杠杆式：定位精度高，夹固牢靠，受力合理，使用方便。

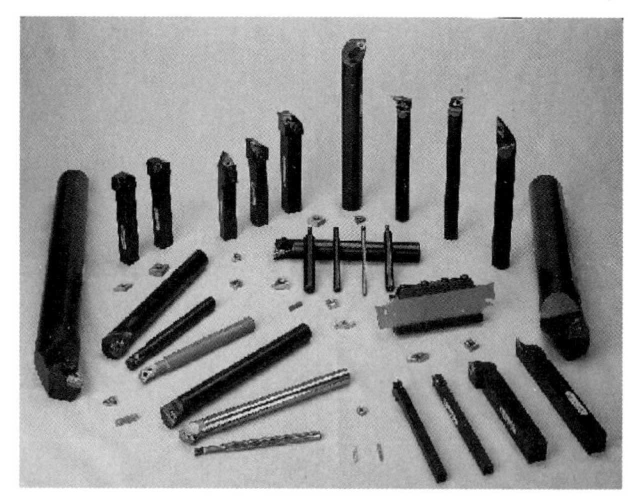

图 7.2 可转位式车刀

（2）铣床刀具（简称“铣刀”）的结构特点及用途。

铣刀是一种应用广泛的多刃回转刀具，其种类很多，如图 7.3～图 7.6 所示，按用途分为以下三种：

1）加工平面用的，如圆柱平面铣刀、端铣刀等。

2）加工沟槽用的，如立铣刀、T 形刀和角度铣刀等。

3）加工成型表面用的，如凸半圆和凹半圆铣刀和加工其他复杂成型表面用的铣刀。铣削的生产率一般较高，加工表面粗糙度值较大。

图 7.3 锯片铣刀

图 7.4 键槽铣刀

图 7.5 三面刃铣刀

图 7.6　钨钢铣刀

（3）孔加工刀具的结构特点及用途。

孔加工刀具一般可分为两大类：一类是从实体材料上加工出孔的刀具，常用的有麻花钻、中心钻和深孔钻等；另一类是对工件上已有孔进行再加工的刀具，常用的有扩孔钻、铰刀及镗刀等，如图 7.7～图 7.10 所示。

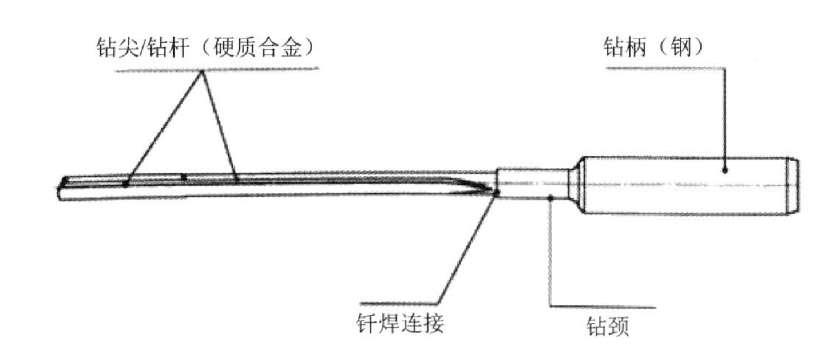

图 7.7　整体硬质合金式

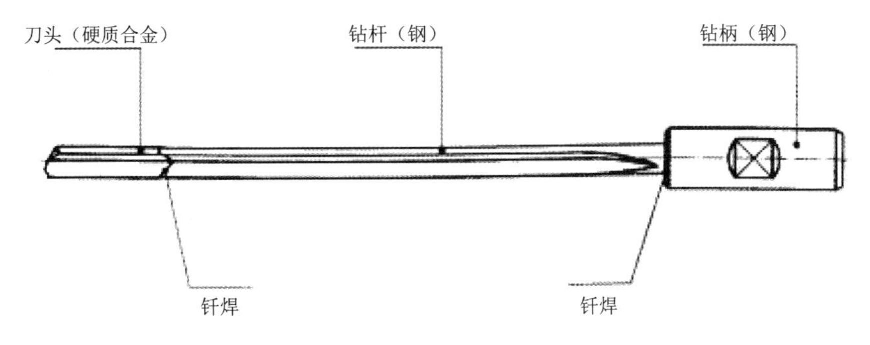

图 7.8　切削部分（刀头）硬质合金式

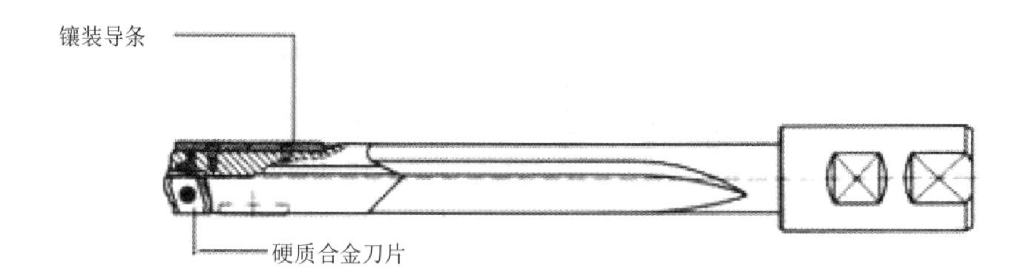

图 7.9 外排屑深孔钻

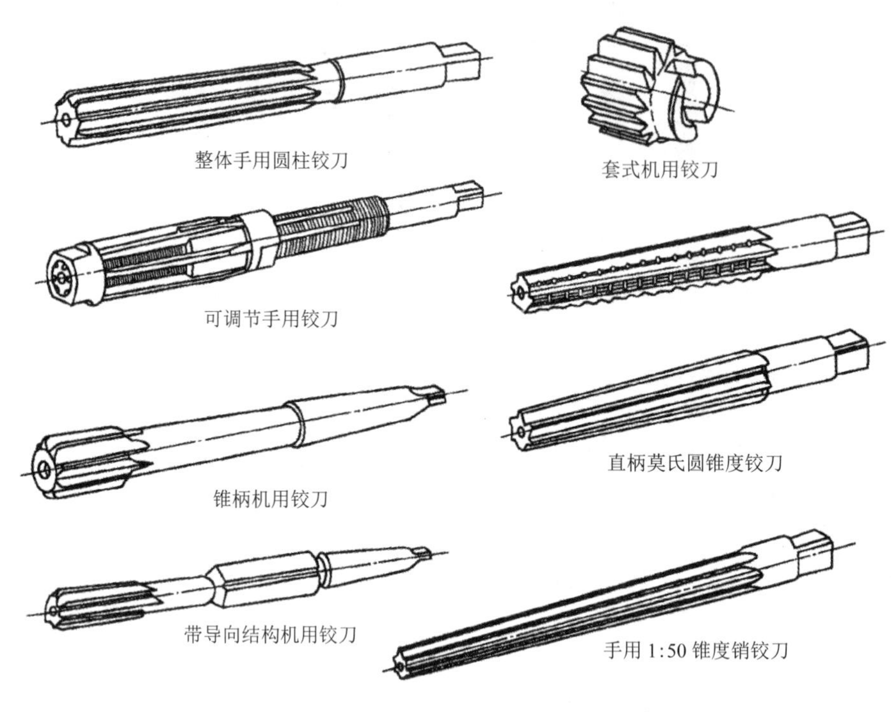

图 7.10 铰刀

（4）齿轮加工刀具的类型及用途。

齿轮加工刀具如图 7.11 和图 7.12 所示，它是用于加工齿轮齿形的刀具。按刀具的工作原理，齿轮加工刀具分为成型齿轮刀具和展成齿轮刀具。

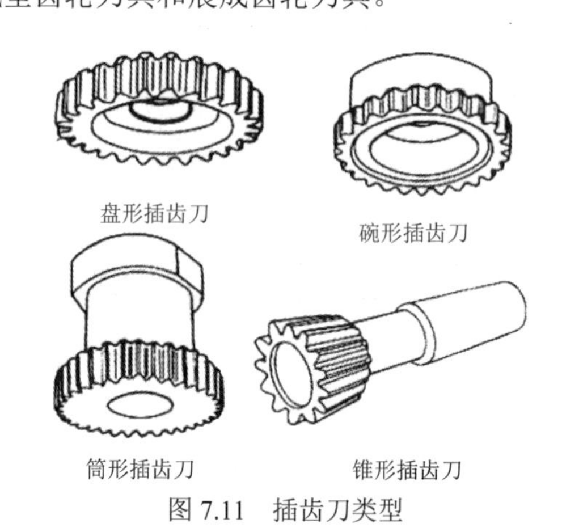

图 7.11 插齿刀类型

中心滚刀

单正滚刀

齿轮滚刀

滚齿刀具

图 7.12　滚刀类型

常用的成型齿轮刀具有盘形齿轮铣刀和指形齿轮刀具等。常用的展成齿轮刀具有插齿刀、齿轮滚刀和剃齿刀等。选用齿轮滚刀和插齿刀时，应注意以下几点：

1）刀具基本参数（模数、齿形角、齿顶高系数等）应与被加工齿轮相同。

2）刀具精度等级应与被加工齿轮要求的精度等级相当。

3）刀具旋向应尽可能与被加工齿轮的旋向相同。滚切直齿轮时，一般用左旋齿刀。

（5）螺纹加工刀具如图 7.13 和图 7.14 所示。螺纹可用切削法和滚压法进行加工。

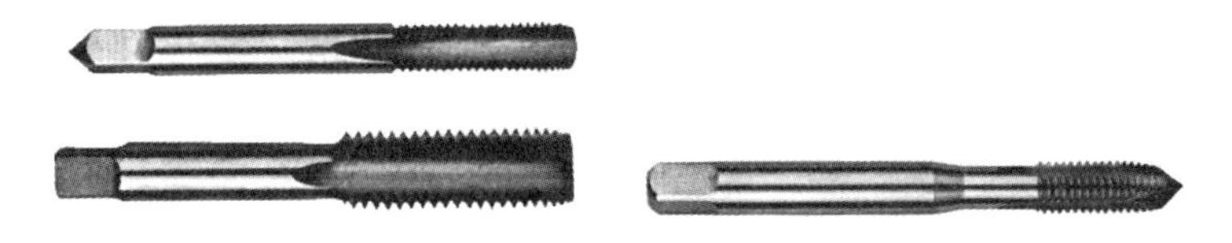

图 7.13　螺母丝锥和螺尖丝锥

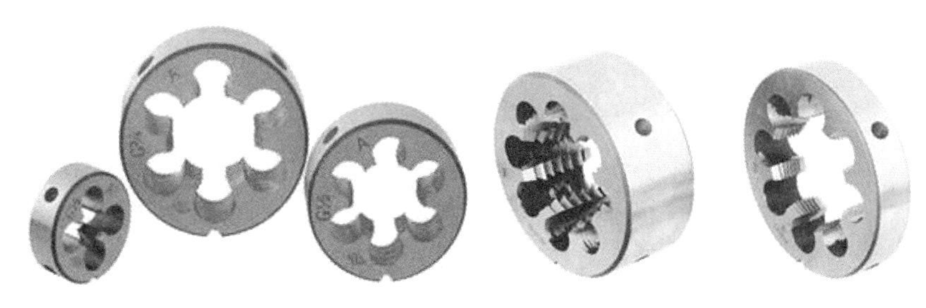

图 7.14　板牙

实 验 报 告

二〇　　年　　月　　日

实验名称：刀具现场课

班级：＿＿＿＿＿＿　姓名：＿＿＿＿＿＿　同组人：＿＿＿＿＿＿

指导教师评定：＿＿＿＿＿＿　签名：＿＿＿＿＿＿

一、实验目的：

二、实验步骤：

三、实验内容：

四、思考与分析：

1．常用普通机床刀具有哪些？

2．常用孔加工刀具有几种？

3．普通车刀有哪两种结构形式？

4．常用刀具材料有哪几类？

实验八　数控刀具的认识及选用

一、实验目的

1. 掌握数控刀具种类、材料性能。
2. 了解数控刀具的结构；掌握数控刀具辅助产品的应用方法。
3. 加深对数控刀具原理和刀具选用原则的理解。

二、数控铣刀的选用

数控铣床要根据被加工零件的材料、几何形状、表面质量要求、热处理状态、切削性能及加工余量等，选择刚性好、耐用度高的刀具。常见刀具如图 8.1 所示。

图 8.1　常见刀具

1. 铣刀类型选择

被加工零件的几何形状是选择刀具类型的主要依据。

（1）加工曲面类零件时，为了保证刀具切削刃与加工轮廓在切削点相切，而避免刀刃与工件轮廓发生干涉，一般采用球头刀，粗加工用两刃铣刀，半精加工和精加工用四刃铣刀，如图 8.2 所示。

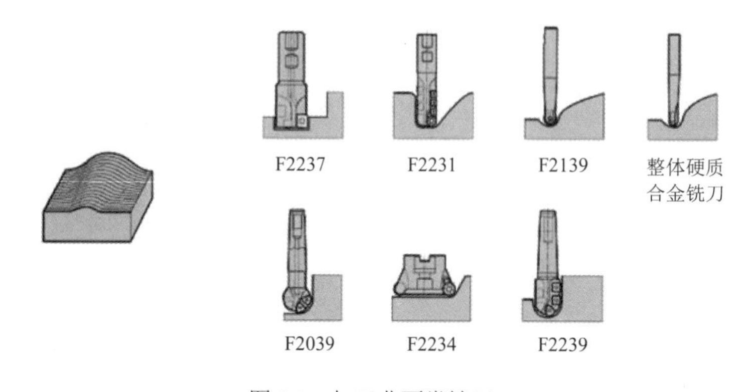

图 8.2　加工曲面类铣刀

（2）铣较大平面时，为了提高生产效率和加工表面粗糙度，一般采用刀片镶嵌式盘形铣刀，如图 8.3 所示。

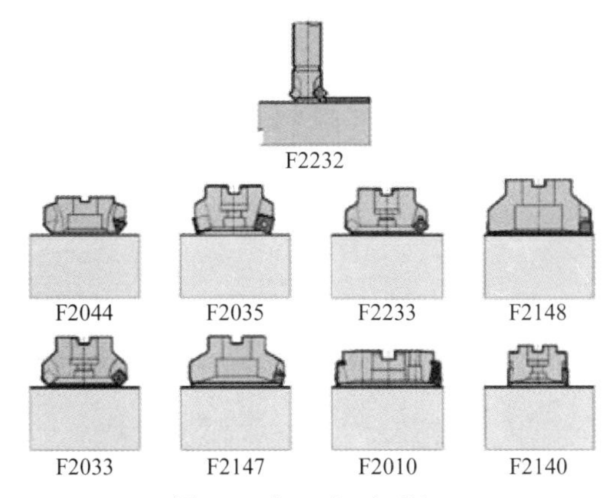

图 8.3　加工大平面铣刀

（3）铣小平面或台阶面时一般采用通用铣刀，如图 8.4 所示。

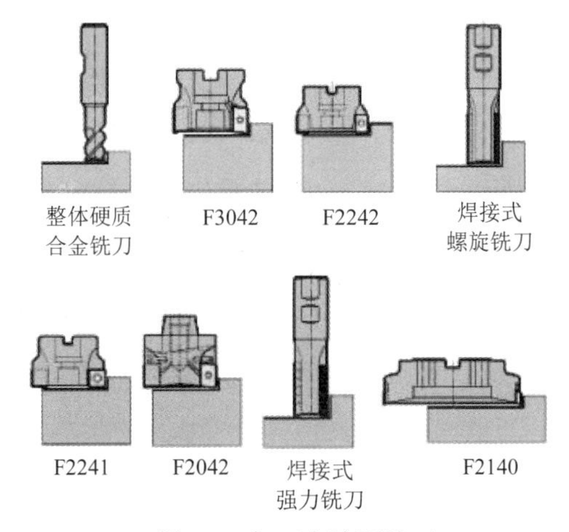

图 8.4　加工台阶面铣刀

（4）铣键槽时，为了保证槽的尺寸精度，一般用两刃键槽铣刀，如图 8.5 所示。

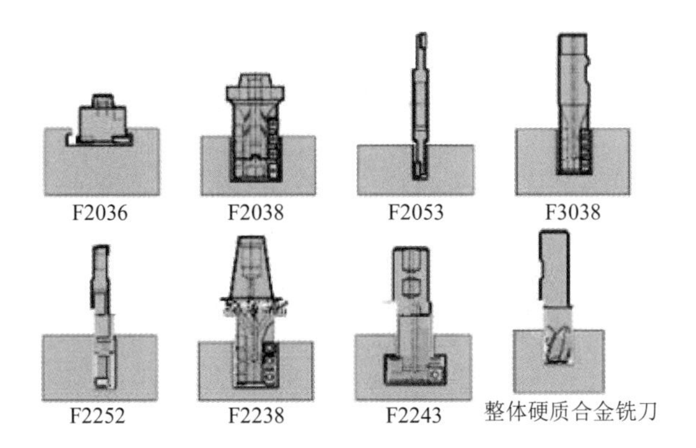

图 8.5　加工槽类铣刀

（5）孔加工时，可采用钻头、镗刀等孔加工类刀具，如图 8.6 所示。

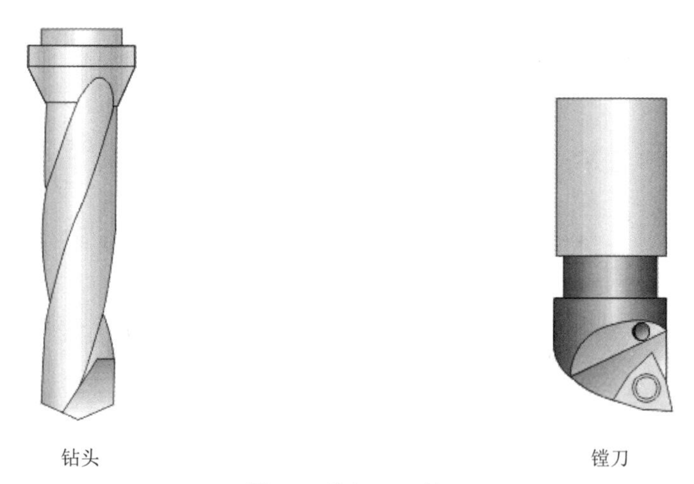

图 8.6　孔加工刀具

2. 铣刀结构选择

铣刀一般由刀片、定位元件、夹紧元件和刀体组成。由于刀片在刀体上有多种定位与夹紧方式，刀片定位元件的结构又有不同类型，因此铣刀的结构形式有多种，分类方法也较多。选用时，主要可根据刀片排列方式。刀片排列方式可分为平装结构和立装结构两大类。

（1）平装结构（刀片径向排列）。

平装结构铣刀（图 8.7）的刀体结构工艺性好，容易加工，并可采用无孔刀片（刀片价格较低，可重磨）。由于需要夹紧元件，刀片的一部分被覆盖，容屑空间较小，且在切削力方向上的硬质合金截面较小，故平装结构的铣刀一般用于轻型和中量型的铣削加工。

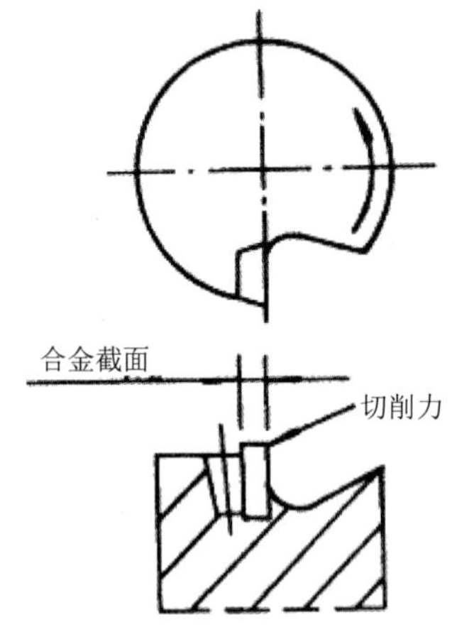

图 8.7　平装结构铣刀

（2）立装结构（刀片切向排列）。

立装结构铣刀（图 8.8）的刀片只用一个螺钉固定在刀槽上，结构简单，转位方便。虽然刀具零件较少，但刀体的加工难度较大，一般需用五坐标加工中心进行加工。由于刀片采用切削力夹紧，夹紧力随切削力的增大而增大，因此可省去夹紧元件，增大了容屑空间。由于刀片切向安装，在切削力方向的硬质合金截面较大，因而可进行大切深、大走刀量切削，这种铣刀适用于重型和中量型的铣削加工。

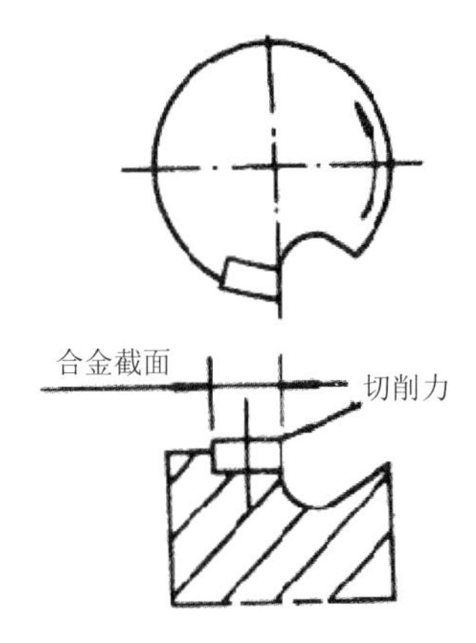

图 8.8　立装结构铣刀

3. 铣刀角度的选择

铣刀的角度有前角、后角、主偏角、副偏角、刃倾角等。为满足不同的加工需要，有多种角度组合形式。各种角度中最主要的是主偏角和前角（厂家的产品样本中对刀具的主偏角和前角一般都有明确说明）

（1）主偏角 K_r。

主偏角为切削刃与切削平面的夹角。铣刀的主偏角有 90°、88°、75°、70°、60°、45°等几种。

主偏角对径向切削力和切削深度影响很大。径向切削力的大小直接影响切削功率和刀具的抗震性能。铣刀的主偏角越小，其径向切削力越小，抗震性也越好，但切削深度也随之减小。

90°主偏角，在铣削带凸肩的平面时选用，一般不用于单纯的平面加工。该类刀具通用性好（即可加工台阶面，又可加工平面），在单件、小批量加工中选用。由于该类刀具的径向切削力等于切削力，进给抗力大，易振动，因而要求机床具有较大功率和足够的刚性。在加工带凸肩的平面时，也可选用 88°主偏角的铣刀，较之 90°主偏角铣刀，其切削性能有一定改善。

60°～75°主偏角，适用于平面铣削的粗加工。由于径向切削力明显减小（特别是 60°时），其抗震性有较大改善，切削平稳、轻快，在平面加工中应优先选用。75°主偏角铣刀为通用型刀具，适用范围较广；60°主偏角铣刀主要用于镗铣床、加工中心上的粗铣和半精铣加工。

45°主偏角，此类铣刀的径向切削力大幅度减小，约等于轴向切削力，切削载荷分布在较长的切削刃上，具有很好的抗震性，适用于镗铣床主轴悬伸较长的加工场合。用该类刀具加工平面时，刀片破损率低，耐用度高；在加工铸铁件时，工件边缘不易产生崩刃。

（2）前角 γ。

铣刀的前角可分解为径向前角 γ_f 和轴向前角 γ_p。径向前角 γ_f 主要影响切削功率；轴向前角 γ_p 则影响切屑的形成和轴向力的方向，当 γ_p 为正值时切屑即飞离加工面。径向前角 γ_f 和轴向前角 γ_p 正负的判别如图 8.9 所示。

常用的前角组合形式如下：

1）双负前角。

双负前角的铣刀通常采用方形（或长方形）无后角的刀片，刀具切削刃多（一般为 8 个），且强度高、抗冲击性好，适用于铸钢、铸铁的粗加工。由于切屑收缩比大，需要较大的切削力，因此要求机床具有较大功率和较高刚性。由于轴向前角为负值，切屑不能自动流出，当切削韧性材料时易出现积屑瘤和刀具振动。

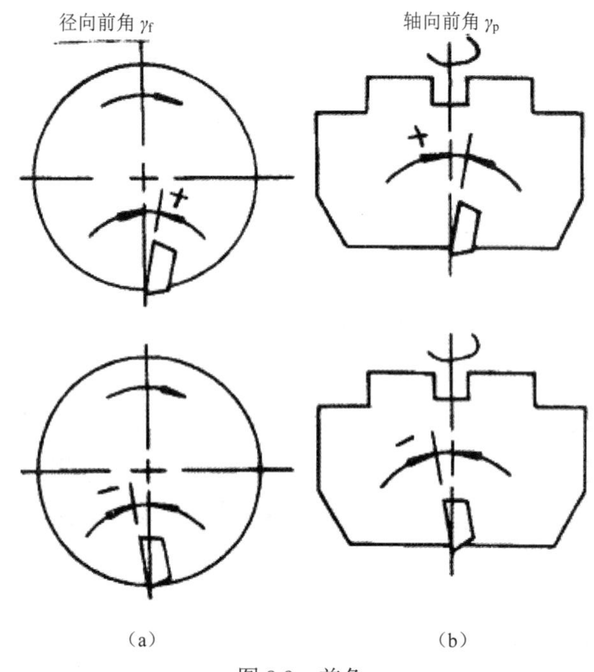

图 8.9 前角

凡能采用双负前角刀具加工的建议优先选用双负前角铣刀，以便充分利用和节省刀片。当采用双正前角铣刀产生崩刃（即冲击载荷大）时，在机床允许的条件下亦应优先选用双负前角铣刀。

2）双正前角。

双正前角铣刀采用带有后角的刀片，这种铣刀楔角小，具有锋利的切削刃。由于切屑收缩比小，所耗切削功率较小，切屑成螺旋状排出，不易形成积屑瘤。这种铣刀最宜用于软材料和不锈钢、耐热钢等材料的切削加工。对于刚性差（如主轴悬伸较长的镗铣床）、功率小的机床和加工焊接结构件时，也应优先选用双正前角铣刀。

3）正负前角（轴向正前角、径向负前角）。

这种铣刀综合了双正前角和双负前角铣刀的优点，轴向正前角有利于切屑的形成和排出；径向负前角可提高刀刃强度，改善抗冲击性能。此种铣刀切削平稳，排屑顺利，金属切除率高，适用于大余量铣削加工。WALTER 公司的切向布齿重切削铣刀 F2265 就是采用轴向正前角、径向负前角结构的铣刀。

4. 铣刀的齿数（齿距）选择

铣刀齿数多，可提高生产效率，但受容屑空间、刀齿强度、机床功率及刚性等的限制，不同直径的铣刀的齿数均有相应规定。为满足不同用户的需要，同一直径的铣刀一般有粗齿、中齿、密齿三种类型。

（1）粗齿铣刀：适用于普通机床的大余量粗加工和软材料或切削宽度较大的铣削加工；

当机床功率较小时，为使切削稳定，也常选用粗齿铣刀。

（2）中齿铣刀：系通用系列，使用范围广泛，具有较高的金属切除率和切削稳定性。

（3）密齿铣刀：主要用于铸铁、铝合金和有色金属的大进给速度切削加工。在专业化生产（如流水线加工）中，为充分利用设备功率和满足生产节奏要求，也常选用密齿铣刀（此时多为专用非标铣刀）。

为防止工艺系统出现共振，使切削平稳，还有一种不等分齿距铣刀。如 WALTER 公司的 NOVEX 系列铣刀均采用了不等分齿距技术。在铸钢、铸铁件的大余量粗加工中建议优先选用不等分齿距的铣刀。

5. 铣刀直径的选择

铣刀直径的选用视产品及生产批量的不同差异较大，刀具直径的选用主要取决于设备的规格和工件的加工尺寸。

（1）平面铣刀。

选择平面铣刀直径时主要需考虑刀具所需功率应在机床功率范围之内，也可将机床主轴直径作为选取的依据。平面铣刀直径可按 D=1.5d（d 为主轴直径）选取。在批量生产时，也可按工件切削宽度的 1.6 倍选择刀具直径。

（2）立铣刀。

立铣刀直径的选择主要应考虑工件加工尺寸的要求，并保证刀具所需功率在机床额定功率范围以内。如系小直径立铣刀，则应主要考虑机床的最高转数能否达到刀具的最低切削速度（60m/min）。

（3）槽铣刀。

槽铣刀的直径和宽度应根据加工工件尺寸选择，并保证其切削功率在机床允许的功率范围之内。

6. 铣刀的最大切削深度

不同系列的可转位面铣刀有不同的最大切削深度。最大切削深度越大的刀具所用刀片的尺寸越大，价格也越高，因此从节约费用、降低成本的角度考虑，选择刀具时一般应按加工的最大余量和刀具的最大切削深度选择合适的规格。当然，还需要考虑机床的额定功率和刚性应能满足刀具使用最大切削深度时的需要。

7. 刀片牌号的选择

合理选择刀片硬质合金牌号的主要依据是被加工材料的性能和硬质合金的性能。一般选用铣刀时，可按刀具制造厂提供加工的材料及加工条件，来配备相应牌号的硬质合金刀片。

由于各厂生产的同类用途硬质合金的成分及性能各不相同，硬质合金牌号的表示方法也不同，为方便用户，国际标准化组织规定，切削加工用硬质合金按其排屑类型和被加工材料分为三大类：P 类、M 类和 K 类。根据被加工材料及适用的加工条件，每大类中又分为若干组，用两位阿拉伯数字表示，每类中数字越大，其耐磨性越低、韧性越高。

P 类合金（包括金属陶瓷）用于加工产生长切屑的金属材料，如钢、铸钢、可锻铸铁、不锈钢、耐热钢等。其中，组号越大，则可选用越大的进给量和切削深度，而切削速度则应越小。

M 类合金用于加工产生长切屑和短切屑的黑色金属或有色金属，如钢、铸钢、奥氏体不锈钢、耐热钢、可锻铸铁、合金铸铁等。其中，组号越大，则可选用越大的进给量和切削深度，而切削速度则应越小。

K 类合金用于加工产生短切屑的黑色金属、有色金属及非金属材料，如铸铁、铝合金、铜合金、塑料、硬胶木等。其中，组号越大，则可选用越大的进给量和切削深度，而切削速度则应越小。

上述三类牌号的选择原则见表 8.1。

表 8.1 P 类、M 类、K 类合金切削用量的选择

P 类	P01	P05	P10	P15	P20	P25	P30	P40	P50
M 类	M10	M20	M30	M40					
K 类	K01	K10	K20	K30	K40				
进给量	——————————→								
背吃刀量	——————————→								
切削速度	←——————————								

各厂生产的硬质合金虽然有各自编制的牌号，但都有对应国际标准的分类号，选用十分方便。

扩展阅读：数控刀具材料知识点

1. 数控刀具材料应具备的基本性能

数控刀具材料的选择对刀具寿命、加工效率、加工质量和加工成本等的影响很大。数控刀具切削时要承受高压、高温、摩擦、冲击和振动等作用。因此，数控刀具材料应具备如下一些基本性能：

（1）硬度和耐磨性。刀具材料的硬度必须高于工件材料的硬度，一般要求在 60HRC 以上。刀具材料的硬度越高，耐磨性就越好。

（2）强度和韧性。刀具材料应具备较高的强度和韧性，以便承受切削力、冲击和振动，防止刀具脆性断裂和崩刃。

（3）耐热性。刀具材料的耐热性要好，能承受高的切削温度，具备良好的抗氧化能力。

（4）工艺性能和经济性。刀具材料应具备好的锻造性能、热处理性能、焊接性能、磨削加工性能等，而且要追求高的性能价格比。

2. 刀具材料的种类、性能、特点、应用

（1）金刚石刀具材料的种类、性能和特点及刀具应用。

金刚石是碳的同素异构体，它是自然界已经发现的最硬的一种材料。金刚石刀具具有高硬度、高耐磨性和高导热性能，在有色金属和非金属材料加工中得到广泛的应用。尤其在铝和硅铝合金高速切削加工中，金刚石刀具是难以替代的主要切削刀具品种。可实现高效率、高稳定性、长寿命加工的金刚石刀具是现代数控加工中不可缺少的重要工具。

1）金刚石刀具的种类。

A．天然金刚石刀具：天然金刚石作为切削刀具已有上百年的历史了，天然单晶金刚石刀具经过精细研磨，刃口能磨得极其锋利，刃口半径可达 0.002μm，能实现超薄切削，可以加工出极高的工件精度和极低的表面粗糙度，是公认的、理想的和不能代替的超精密加工刀具。

B．PCD 金刚石刀具：天然金刚石价格昂贵，金刚石广泛应用于切削加工的还是聚晶金刚石（PCD），自 20 世纪 70 年代初，采用高温高压合成技术制备的聚晶金刚石（Polycrystallinediamond，PCD）刀片研制成功以后，在很多场合下天然金刚石刀具已经被人造聚晶金刚石所代替。PCD 原料来源丰富，其价格只有天然金刚石的几十分之一至十几分之一。

PCD 刀具无法磨出极其锋利的刃口，加工的工件表面质量也不如天然金刚石，现在工业中还不能方便地制造带有断屑槽的 PCD 刀片。因此，PCD 只能用于有色金属和非金属的精切，很难达到超精密镜面切削。

C. CVD 金刚石刀具：20 世纪 70 年代末至 80 年代初，CVD 金刚石技术在日本出现。CVD 金刚石技术是指用化学气相沉积法（CVD）在异质基体（如硬质合金、陶瓷等）上合成金刚石膜。CVD 金刚石具有与天然金刚石完全相同的结构和特性。

CVD 金刚石的性能与天然金刚石相比十分接近，兼有天然单晶金刚石和聚晶金刚石（PCD）的优点，在一定程度上又克服了它们的不足。

2）金刚石刀具的性能特点。

A. 极高的硬度和耐磨性：天然金刚石是自然界已经发现的最硬的物质。金刚石具有极高的耐磨性，加工高硬度材料时，金刚石刀具的寿命为硬质合金刀具的 10～100 倍，甚至高达几百倍。

B. 具有很低的摩擦系数：金刚石与一些有色金属之间的摩擦系数比其他刀具都低，摩擦系数低，加工时变形小，可减小切削力。

C. 切削刃非常锋利：金刚石刀具的切削刃可以磨得非常锋利，天然单晶金刚石刀具可高达 0.002～0.008μm，能进行超薄切削和超精密加工。

D. 具有很高的导热性能：金刚石的导热系数及热扩散率高，切削热容易散出，刀具切削部分温度低。

E. 具有较低的热膨胀系数：金刚石的热膨胀系数比硬质合金小，由切削热引起的刀具尺寸的变化很小，这对尺寸精度要求很高的精密和超精密加工来说尤为重要。

3）金刚石刀具的应用。

金刚石刀具多用于在高速下对有色金属及非金属材料进行精细切削及镗孔。它适合加工各种耐磨非金属，如玻璃钢粉末冶金毛坯、陶瓷材料等；各种耐磨有色金属，如各种硅铝合金。

金刚石刀具的不足之处是热稳定性较差，切削温度超过 700℃时，就会完全失去其硬度；此外，它不适于切削黑色金属，因为金刚石（碳）在高温下容易与铁原子作用，使碳原子转化为石墨结构，刀具极易损坏。

（2）立方氮化硼刀具材料的种类、性能和特点及刀具应用。

用与金刚石制造方法相似的方法合成的第二种超硬材料——立方氮化硼（CBN），在硬度和热导率方面仅次于金刚石，热稳定性极好，在大气中加热至 10000℃也不发生氧化。CBN 对于黑色金属具有极为稳定的化学性能，可以广泛用于钢铁制品的加工。

1）立方氮化硼刀具的种类。

立方氮化硼（CBN）是自然界中不存在的物质，有单晶体和多晶体之分，即 CBN 单晶和聚晶立方氮化硼（Polycrystalline Cubic Boron Nitride，PCBN）。CBN 是氮化硼（BN）的同素异构体之一，结构与金刚石相似。

PCBN（聚晶立方氮化硼）是在高温高压下将微细的 CBN 材料通过结合相（TiC、TiN、Al、Ti 等）烧结在一起的多晶材料，是目前人工合成的硬度仅次于金刚石的刀具材料，它与金刚石统称为超硬刀具材料。PCBN 主要用于制作刀具或其他工具。

PCBN 刀具可分为整体 PCBN 刀片和与硬质合金复合烧结的 PCBN 复合刀片。

PCBN 复合刀片是在强度和韧性较好的硬质合金上烧结一层 0.5～1.0mm 厚的 PCBN 而成的，其性能兼有较好的韧性和较高的硬度及耐磨性，它解决了 CBN 刀片抗弯强度低和焊接困难等问题。

2）立方氮化硼的主要性能、特点。

立方氮化硼的硬度虽略次于金刚石，但却远远高于其他高硬度材料。CBN 的一个突出优点是热稳定性比金刚石高得多，可达 1200℃以上（金刚石为 700～800℃），另一个突出优点是化学惰性大，与铁元素在 1200～1300℃下也不起化学反应。立方氮化硼的主要性能特点如下：

A．高的硬度和耐磨性：CBN 晶体结构与金刚石相似，具有与金刚石相近的硬度和强度。PCBN 特别适合加工从前只能磨削的高硬度材料，能获得较好的工件表面质量。

B．具有很高的热稳定性：CBN 的耐热性可达 1400～1500℃，比金刚石的耐热性（700～800℃）几乎高 1 倍。PCBN 刀具可以比硬质合金刀具高 3～5 倍的速度高速切削高温合金和淬硬钢。

C．优良的化学稳定性：与铁系材料到 1200～1300℃时也不起化学作用，不会像金刚石那样急剧磨损，这时它仍能保持硬质合金的硬度；PCBN 刀具适合切削淬火钢零件和冷硬铸铁，可广泛应用于铸铁的高速切削。

D．具有较好的热导性：CBN 的热导性虽然赶不上金刚石，但是在各类刀具材料中 PCBN 的热导性仅次于金刚石，大大高于高速钢和硬质合金。

E．具有较低的摩擦系数：低的摩擦系数可导致切削时切削力减小，切削温度降低，加工表面质量提高。

3）立方氮化硼刀具应用。

立方氮化硼适合用来精加工各种淬火钢、硬铸铁、高温合金、硬质合金、表面喷涂材料等难切削材料。加工精度可达 IT5（孔为 IT6），表面粗糙度值可小至 Ra1.25～0.20μm。

立方氮化硼刀具材料韧性和抗弯强度较差。因此，立方氮化硼车刀不宜用于低速、冲击载荷大的粗加工；同时不适合切削塑性大的材料（如铝合金、铜合金、镍基合金、塑性大的钢等），因为切削这些金属时会产生严重的积屑瘤，而使加工表面恶化。

（3）陶瓷刀具材料的种类、性能和特点及刀具应用。

陶瓷刀具具有硬度高、耐磨性能好、耐热性和化学稳定性优良等特点，且不易与金属产生粘接。陶瓷刀具在数控加工中占有十分重要的地位，陶瓷刀具已成为高速切削及难加工材料加工的主要刀具之一。陶瓷刀具广泛应用于高速切削、干切削、硬切削以及难加工材料的切削加工。陶瓷刀具可以高效加工传统刀具根本不能加工的高硬材料，实现“以车代磨”；陶瓷刀具的最佳切削速度可以比硬质合金刀具高 2～10 倍，从而大大提高了切削加工生产效率；陶瓷刀具材料使用的主要原料是地壳中最丰富的元素，因此，陶瓷刀具的推广应用对提高生产率、降低加工成本、节省战略性贵重金属具有十分重要的意义，也将极大促进切削技术的进步。

1）陶瓷刀具材料的种类。

陶瓷刀具材料种类一般可分为氧化铝基陶瓷、氮化硅基陶瓷、复合氮化硅一氧化铝基陶瓷三大类。其中以氧化铝基和氮化硅基陶瓷刀具材料应用最为广泛。氮化硅基陶瓷的性能更优越于氧化铝基陶瓷。

2）陶瓷刀具的性能、特点。

A．硬度高、耐磨性能好：陶瓷刀具的硬度虽然不及 PCD 和 PCBN 高，但大大高于硬质合金和高速钢刀具，达到 93～95HRA。陶瓷刀具可以加工传统刀具难以加工的高硬材料，适合于高速切削和硬切削。

B．耐高温、耐热性好：陶瓷刀具在 1200℃以上的高温下仍能进行切削。陶瓷刀具具有很好的高温力学性能，Al_2O_3 陶瓷刀具的抗氧化性能特别好，切削刃即使处于炽热状态，也能连续使用。因此，陶瓷刀具可以实现干切削，从而可省去切削液。

C．化学稳定性好：陶瓷刀具不易与金属产生粘接，且耐腐蚀、化学稳定性好，可减小刀具的粘接磨损。

D．摩擦系数低：陶瓷刀具与金属的亲合力小，摩擦系数低，可降低切削力和切削温度。

3）陶瓷刀具的应用。

陶瓷是主要用于高速精加工和半精加工的刀具材料之一。陶瓷刀具适用于切削加工各种铸铁（灰铸铁、球墨铸铁、可锻铸铁、冷硬铸铁、高合金耐磨铸铁）和钢材（碳素结构钢、合金结构钢、高强度钢、高锰钢、淬火钢等），也可用来切削铜合金、石墨、工程塑料和复合材料。

陶瓷刀具材料性能上存在着抗弯强度低、冲击韧性差问题，不适于在低速、冲击负荷下切削。

（4）涂层刀具材料的种类、性能和特点及刀具应用。

对刀具进行涂层处理是提高刀具性能的重要途径之一。涂层刀具的出现，使刀具切削性能有了重大突破。涂层刀具是在韧性较好刀体上，涂覆一层或多层耐磨性好的难熔化合物，它将刀具基体与硬质涂层相结合，从而使刀具性能大大提高。涂层刀具可以提高加工效率和加工精度、延长刀具使用寿命、降低加工成本。

新型数控机床所用切削刀具中有 80%左右使用涂层刀具。涂层刀具将是今后数控加工领域中最重要的刀具品种。

1）涂层刀具的种类。

根据涂层方法不同，涂层刀具可分为化学气相沉积（CVD）涂层刀具和物理气相沉积（PVD）涂层刀具。涂层硬质合金刀具一般采用化学气相沉积法，沉积温度在 1000℃左右。涂层高速钢刀具一般采用物理气相沉积法，沉积温度在 500℃左右。

根据涂层刀具基体材料的不同，涂层刀具可分为硬质合金涂层刀具、高速钢涂层刀具以及在陶瓷和超硬材料（金刚石和立方氮化硼）上的涂层刀具等。

根据涂层材料的性质，涂层刀具又可分为两大类，即“硬”涂层刀具和“软”涂层刀具。“硬”涂层刀具追求的主要目标是高的硬度和耐磨性，其主要优点是硬度高、耐磨性能好，典型的是 TiC 和 TiN 涂层。“软”涂层刀具追求的目标是低摩擦系数，也称为自润滑刀具，它与工件材料的摩擦系数很低，只有 0.1 左右，可减小粘接，减轻摩擦，降低切削力和切削温度。

最近开发了纳米涂层（Nanoeoating）刀具。这种涂层刀具可采用多种涂层材料的不同组合（如金属/金属、金属/陶瓷、陶瓷/陶瓷等），以满足不同的功能和性能要求。设计合理的纳米涂层可使刀具材料具有优异的减摩抗磨功能和自润滑性能，适合高速干切削。

2）涂层刀具的特点。

A．力学和切削性能好：涂层刀具将基体材料和涂层材料的优良性能结合起来，既保持了基体良好的韧性和较高的强度，又具有涂层的高硬度、高耐磨性和低摩擦系数。因此，涂层刀具的切削速度比未涂层刀具可提高 2 倍以上，并允许有较高的进给量。涂层刀具的寿命也得到提高。

B．通用性强：涂层刀具通用性强，加工范围显著扩大，一种涂层刀具可以代替数种非涂层刀具使用。

C．涂层厚度：随涂层厚度的增加，刀具寿命也会增加，但当涂层厚度达到饱和时，刀具寿命不再明显增加。涂层太厚时，易引起剥离；涂层太薄时，则耐磨性能差。

D．重磨性：涂层刀片重磨性差、涂层设备复杂、工艺要求高、涂层时间长。

E．涂层材料：不同涂层材料的刀具，切削性能不一样。如：低速切削时，TiC 涂层占有优势；高速切削时，TiN 较合适。

3）涂层刀具的应用。

涂层刀具在数控加工领域有巨大潜力，将是今后数控加工领域中最重要的刀具品种。涂层技术已应用于立铣刀、铰刀、钻头、复合孔加工刀具、齿轮滚刀、插齿刀、剃齿刀、成型拉刀及各种机夹可转位刀片，满足高速切削加工各种钢和铸铁、耐热合金和有色金属等材料的需要。

（5）硬质合金刀具材料的种类、性能和特点及刀具应用。

硬质合金刀具，特别是可转位硬质合金刀具，是数控加工刀具的主导产品，20 世纪 80 年代以来，各种整体式和可转位式硬质合金刀具或刀片的品种已经扩展到各种切削刀具领域，其中可转位硬质合金刀具由简单的车刀、面铣刀扩大到各种精密、复杂、成型刀具领域。

1）硬质合金刀具的种类。

按主要化学成分区分，硬质合金可分为碳化钨基硬质合金和碳（氮）化钛［TiC（N)］基硬质合金。

碳化钨基硬质合金包括钨钴类（YG)、钨钴钛类（YT)、添加稀有碳化物类（YW）三类，它们各有优缺点，主要成分为碳化钨（WC)、碳化钛（TiC)、碳化钽（TaC)、碳化铌（NbC）等，常用的金属粘接相是 Co。

碳（氮）化钛基硬质合金是以 TiC 为主要成分（有些加入了其他碳化物或氮化物）的硬质合金，常用的金属粘接相是 Mo 和 Ni。

ISO（国际标准化组织）将切削用硬质合金分为以下三类：

K 类，包括 Kl0～K40，相当于我国的 YG 类（主要成分为 WC、Co)。

P 类，包括 P01～P50，相当于我国的 YT 类（主要成分为 WC、TiC、Co)。

M 类，包括 M10～M40，相当于我国的 YW 类［主要成分为 WC、TiC、TaC（NbC)、Co］。

各个牌号分别以 01～50 之间的数字表示从高硬度到最大韧性之间的一系列合金。

2）硬质合金刀具的性能特点。

A．高硬度：硬质合金刀具是由硬度和熔点很高的碳化物（称硬质相）和金属粘接剂（称粘接相）经粉末冶金方法而制成的，其硬度达 89～93HRA，远高于高速钢，在 5400℃时，硬度仍可达 82～87HRA，与高速钢常温时硬度（83～86HRA）相同。硬质合金的硬度值随碳化物的性质、数量、粒度和金属粘接相的含量而变化，一般随粘接金属相含量的增多而降低。在粘接相含量相同时，YT 类合金的硬度高于 YG 类合金，添加 TaC（NbC）的合金具有较高的高温硬度。

B．抗弯强度和韧性：常用硬质合金的抗弯强度在 900～1500MPa 范围内。金属粘接相含量越高，则抗弯强度也就越高。当粘接剂含量相同时，YG 类（WC、Co）合金的强度高于 YT 类（WC、TiC、Co）合金，并随着 TiC 含量的增加，强度降低。硬质合金是脆性材料，常温下其冲击韧度仅为高速钢的 1/30～1/8。

3）常用硬质合金刀具的应用。

YG 类合金主要用于加工铸铁、有色金属和非金属材料。细晶粒硬质合金（如 YG3X、YG6X）在含钴量相同时比中晶粒的硬度和耐磨性要高些，适用于加工一些特殊的硬铸铁、奥氏体不锈钢、耐热合金、钛合金、硬青铜和耐磨的绝缘材料等。

YT 类硬质合金的突出优点是硬度高、耐热性好、高温时的硬度和抗压强度比 YG 类高、抗氧化性能好。因此，当要求刀具有较高的耐热性及耐磨性时，应选用 TiC 含量较高的牌号。YT 类合金适合加工塑性材料，如钢材，但不宜加工钛合金、硅铝合金。

YW 类合金兼具 YG、YT 类合金的性能，综合性能好，它既可用于加工钢料，又可用于加工铸铁和有色金属。这类合金如适当增加钴含量，强度可很高，可用于各种难加工材料的粗加工和断续切削。

（6）高速钢刀具的种类、性能和特点及刀具应用。

高速钢（High Speed Steel，HSS）是一种加入了较多的 W、Mo、Cr、V 等合金元素的高合金工具钢。高速钢刀具在强度、韧性及工艺性等方面具有优良的综合性能，在制造复杂刀具，尤其是制造孔加工刀具、铣刀、螺纹刀具、拉刀、切齿刀具等一些刃形复杂刀具方面，高速钢仍占据主要地位。高速钢刀具易于磨出锋利的切削刃。

1）按用途不同，高速钢可分为通用型高速钢和高性能高速钢。

A．通用型高速钢刀具。

通用型高速钢一般可分为钨钢、钨钼钢两类。这类高速钢含 C 为 0.7%～0.9%。按钢中含钨量的不同，可分为含 W 为 12%或 18%的钨钢，含 W 为 6%或 8%的钨钼系钢，含 W 为 2%或不含 W 的钼钢。通用型高速钢具有一定的硬度（63～66HRC）和耐磨性、高的强度和韧性、良好的塑性和加工工艺性，因此广泛用于制造各种复杂刀具。下面详细介绍钨钢和钨钼钢。

a．钨钢：通用型高速钢钨钢的典型牌号为 W18Cr4V（简称 W18），具有较好的综合性能，在 6000℃时的高温硬度为 48.5HRC，可用于制造各种复杂刀具。它有可磨削性好、脱碳敏感性小等优点，但由于碳化物含量较高，分布较不均匀，颗粒较大，强度和韧性不高。

b．钨钼钢：是指将钨钢中的一部分钨用钼代替所获得的一种高速钢。钨钼钢的典型牌号是 W6Mo5Cr4V2（简称 M2）。M2 的碳化物颗粒细小均匀，强度、韧性和高温塑性都比 W18Cr4V 好。另一种钨钼钢为 W9Mo3Cr4V（简称 W9），其热稳定性略高于 M2 钢，抗弯强度和韧性都比 W6Mo5Cr4V2 好，具有良好的可加工性能。

B．高性能高速钢刀具。

高性能高速钢是指在通用型高速钢成分中再增加一些含碳量、含钒量及添加 Co、Al 等合金元素的新钢种，从而可提高它的耐热性和耐磨性。主要有以下几大类：

a．高碳高速钢。高碳高速钢（如 95W18Cr4V）常温和高温硬度较高，适用于制造加工普通钢和铸铁、耐磨性要求较高的钻头、铰刀、丝锥和铣刀等或加工较硬材料的刀具，不宜承受大的冲击。

b．高钒高速钢。典型牌号，如 W12Cr4V4Mo（简称 EV4），含 V 提高到 3%～5%，耐磨性好，适合切削对刀具磨损极大的材料，如纤维、硬橡胶、塑料等，也可用于加工不锈钢、高强度钢和高温合金等材料。

c．钴高速钢。属含钴超硬高速钢，典型牌号，如 W2Mo9Cr4VCo8（简称 M42），有很高的硬度，其硬度可达 69～70HRC，适合加工高强度耐热钢、高温合金、钛合金等难加工材料，

M42可磨削性好，适用于制作精密复杂刀具，但不宜在冲击切削条件下工作。

d．铝高速钢。属含铝超硬高速钢，典型牌号，如W6Mo5Cr4V2Al（简称501），6000C时的高温硬度也达到54HRC，切削性能相当于M42，适宜制造铣刀、钻头、铰刀、齿轮刀具、拉刀等，用于加工合金钢、不锈钢、高强度钢和高温合金等材料。

e．氮超硬高速钢。典型牌号，如W12M03Cr4V3N（简称V3N），属含氮超硬高速钢，硬度、强度、韧性与M42相当，可作为含钴高速钢的替代品，用于低速切削难加工材料和低速高精加工。

2）按制造工艺不同，高速钢可分为熔炼高速钢和粉末冶金高速钢。

A．熔炼高速钢：普通高速钢和高性能高速钢都是用熔炼方法制造的。它们经过冶炼、铸锭和镀轧等工艺制成刀具。熔炼高速钢容易出现的严重问题是碳化物偏析，硬而脆的碳化物在高速钢中分布不均匀，且晶粒粗大（可达几十微米），对高速钢刀具的耐磨性、韧性及切削性能产生不利影响。

B．粉末冶金高速钢（PMHSS）：粉末冶金高速钢是将高频感应炉熔炼出的钢液，用高压氩气或纯氮气使之雾化，再急冷而得到细小均匀的结晶组织（高速钢粉末），再将所得的粉末在高温、高压下压制成刀坯，或先制成钢坯再经过锻造、轧制成刀具形状。与熔融法制造的高速钢相比，PMHSS具有的优点是：碳化物晶粒细小均匀，强度和韧性、耐磨性相对熔炼高速钢都提高不少。在复杂数控刀具领域PMHSS刀具将会进一步发展而占重要地位。典型牌号，如F15、FR71、GFl、GF2、GF3、PT1、PVN等，可用来制造大尺寸、承受重载、冲击性大的刀具，也可用来制造精密刀具。

3. *数控刀具材料的选用原则*

目前广泛应用的数控刀具材料主要有金刚石刀具、立方氮化硼刀具、陶瓷刀具、涂层刀具、硬质合金刀具和高速钢刀具等。刀具材料总牌号多，其性能相差很大。表8.2列出了各种刀具材料的主要性能指标。

表8.2　刀具材料的主要性能指标

<table>
<tr><th colspan="2">种类</th><th>密度/（g/cm）</th><th>耐热性/℃</th><th>硬度</th><th>抗弯强度/MPa</th><th>热导率/[W/（m·K）]</th><th>热膨胀系数/（$\times 10^{-6}$/℃）</th></tr>
<tr><td colspan="2">聚晶金刚石</td><td>3.47～3.56</td><td>700～800</td><td>>9000HV</td><td>600～1100</td><td>210</td><td>3.1</td></tr>
<tr><td colspan="2">聚晶立方氮化硼</td><td>3.44～3.49</td><td>1300～1500</td><td>4500HV</td><td>500～800</td><td>130</td><td>4.7</td></tr>
<tr><td colspan="2">陶瓷刀具</td><td>3.1～5.0</td><td>>1200</td><td>91～95HRA</td><td>700～1500</td><td>15.0～38.0</td><td>7.0～9.0</td></tr>
<tr><td rowspan="4">硬质合金</td><td>YG钨钴类</td><td>14.0～15.5</td><td>800</td><td>89～91.5HRA</td><td>1000～2350</td><td>74.5～87.9</td><td rowspan="3">3～7.5</td></tr>
<tr><td>YT钨钴钛类</td><td>9.0～14.0</td><td>900</td><td>89～92.5HRA</td><td>800～1800</td><td>20.9～62.8</td></tr>
<tr><td>YW通用合金</td><td>12.0～14.0</td><td>1000～1100</td><td>90.5～92 HRA</td><td>1200～1350</td><td>50</td></tr>
<tr><td>TiC基合金</td><td>5.0～7.0</td><td>1100</td><td>92～93.5HRA</td><td>1150～1350</td><td>21～71</td><td>8.2</td></tr>
<tr><td colspan="2">高速钢</td><td>8.0～8.8</td><td>600～700</td><td>62～70HRC</td><td>2000～4500</td><td>15.0～30.0</td><td>8～12</td></tr>
</table>

数控加工用刀具材料必须根据所加工的工件和加工性质来选择。刀具材料的选用应与加工对象合理匹配，以获得最长的刀具寿命和最大的切削加工生产率。切削刀具材料与加工对象的匹配，主要指二者的力学性能、物理性能和化学性能相匹配。

（1）切削刀具材料与加工对象的力学性能匹配。

切削刀具与加工对象的力学性能匹配问题主要是指刀具与工件材料的强度、韧性和硬度等力学性能参数要相匹配。具有不同力学性能的刀具材料所适合加工的工件材料有所不同。

1）刀具材料硬度顺序为：金刚石刀具>立方氮化硼刀具>陶瓷刀具>硬质合金>高速钢。

2）刀具材料的抗弯强度顺序为：高速钢>硬质合金>陶瓷刀具>金刚石和立方氮化硼刀具。

3）刀具材料的韧度大小顺序为：高速钢>硬质合金>立方氮化硼、金刚石和陶瓷刀具。

高硬度的工件材料，必须用更高硬度的刀具来加工，刀具材料的硬度必须高于工件材料的硬度，一般要求在60HRC以上。刀具材料的硬度越高，其耐磨性就越好。例如：硬质合金中含钴量增多时，其强度和韧性增加，硬度降低，适合粗加工；含钴量减少时，其硬度及耐磨性增加，适合精加工。

具有优良高温力学性能的刀具尤其适合高速切削加工。陶瓷刀具优良的高温性能使其能够以高的速度进行切削，允许的切削速度可比硬质合金提高2～10倍。

（2）切削刀具材料与加工对象的物理性能匹配。

具有不同物理性能的刀具，如高导热和低熔点的高速钢刀具、高熔点和低热胀的陶瓷刀具、高导热和低热胀的金刚石刀具等，所适合加工的工件材料有所不同。加工导热性差的工件时，应采用导热较好的刀具材料，以使切削热得以迅速传出而降低切削温度。金刚石导热系数及热扩散率高，切削热容易散出，不会产生很大的热变形，这对尺寸精度要求很高的精密加工刀具来说尤为重要。

1）各种刀具材料的耐热温度：金刚石刀具为700～8000℃、PCBN刀具为13000～15000℃、陶瓷刀具为1100～12000℃、TiC（N）基硬质合金为900～11000℃、WC基超细晶粒硬质合金为800～9000℃、HSS为600～7000℃。

2）各种刀具材料的导热系数顺序：PCD>PCBN>WC基硬质合金>TiC（N）基硬质合金>HSS>Si_3N_4基陶瓷>Al_2O_3基陶瓷。

3）各种刀具材料的热胀系数大小顺序为：HSS>WC基硬质合金>TiC（N）>Al_2O_3基陶瓷>PCBN>Si_3N_4基陶瓷>PCD。

4）各种刀具材料的抗热震性大小顺序为：HSS>WC基硬质合金>Si_3N_4基陶瓷>PCBN>PCD>TiC（N）基硬质合金>Al_2O_3基陶瓷。

（3）切削刀具材料与加工对象的化学性能匹配。

切削刀具材料与加工对象的化学性能匹配问题主要是指刀具材料与工件材料化学亲和性、化学反应、扩散和溶解等化学性能参数要相匹配。材料不同的刀具所适合加工的工件材料有所不同。

1）各种刀具材料抗粘接温度高低（与钢）为：PCBN>陶瓷>硬质合金>HSS。

2）各种刀具材料抗氧化温度高低为：陶瓷>PCBN>硬质合金>金刚石>HSS。

3）各种刀具材料的扩散强度大小（对钢铁）为：金刚石>Si_3N_4基陶瓷>PCBN>Al_2O_3基陶瓷。扩散强度大小（对钛）为：Al_2O_3基陶瓷>PCBN>SiC>Si_3N_4>金刚石。

（4）数控刀具材料的合理选择。

一般而言，PCBN、陶瓷刀具、涂层硬质合金及TiC（N）基硬质合金刀具适合钢铁等黑色金属的数控加工；而PCD刀具适合对Al、Mg、Cu等有色金属材料及其合金和非金属材料的加工。

实 验 报 告

二〇　　年　　月　　日

实验名称：<u>数控刀具的认识及选用</u>

班级：__________　姓名：__________　同组人：__________

指导教师评定：__________　签名：__________

一、实验目的：

二、实验步骤：

三、实验内容：

四、思考与讨论：

1．简述刀具材料的种类、特点及应用。

2．简述数控刀具材料的选用原则。

3．简述数控刀具常用的几种形式。

实验九　典型夹具的定位与夹紧分析

一、实验目的

1. 巩固课堂上所学到的理论知识，加深对理论知识的理解。
2. 了解典型夹具的结构特点，分析它们的定位和夹紧方式，并掌握其使用方法。
3. 学会夹具的拆装过程，掌握维护知识。

二、实验步骤

1. 独自拆装分析一种典型夹具及了解其他类型夹具。
2. 绘制一种典型夹具的装配草图，指出工件的定位、夹紧元件及夹紧机构。

三、实验内容

1. 角铁式车床夹具

了解角铁式车床夹具的特点、工件的定位安装方式，平衡块的调整方法及夹紧主轴的连接方式。分析所夹持的零件特点。图 9.1 所示是花盘角铁式车床夹具。

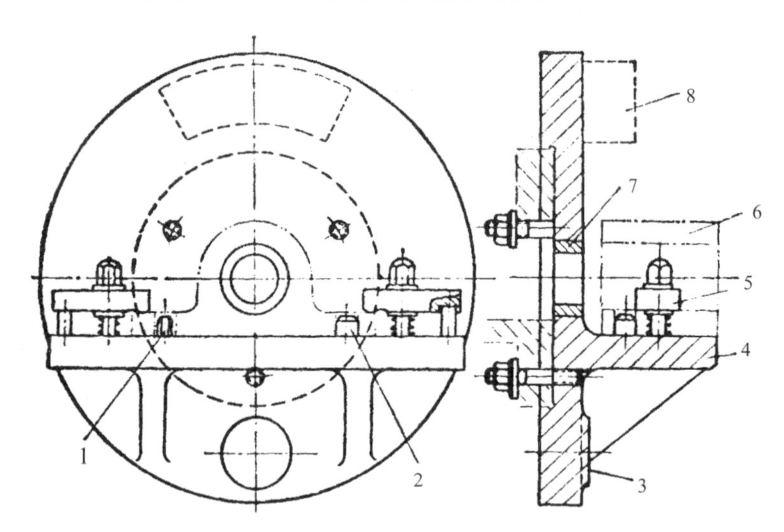

1—削边定位销；2—圆柱定位销；3—轴向定程基面；

4—夹具体；5—压板；6—工件；7—导向套；8—平衡配重

图 9.1　花盘角铁式车床夹具

讨论问题：

（1）车床夹具为何要考虑平衡问题？

（2）角铁车床夹具在定位上应考虑什么问题？

（3）此夹具存在什么不足？请提出改进措施。

2. 铣垫块直角面夹具

了解铣垫块直角面夹具的结构特点，工件的夹紧方式，夹具与机床安装定位方法。分析所夹持的零件特点。铣垫块直角面夹具如图 9.2 所示。

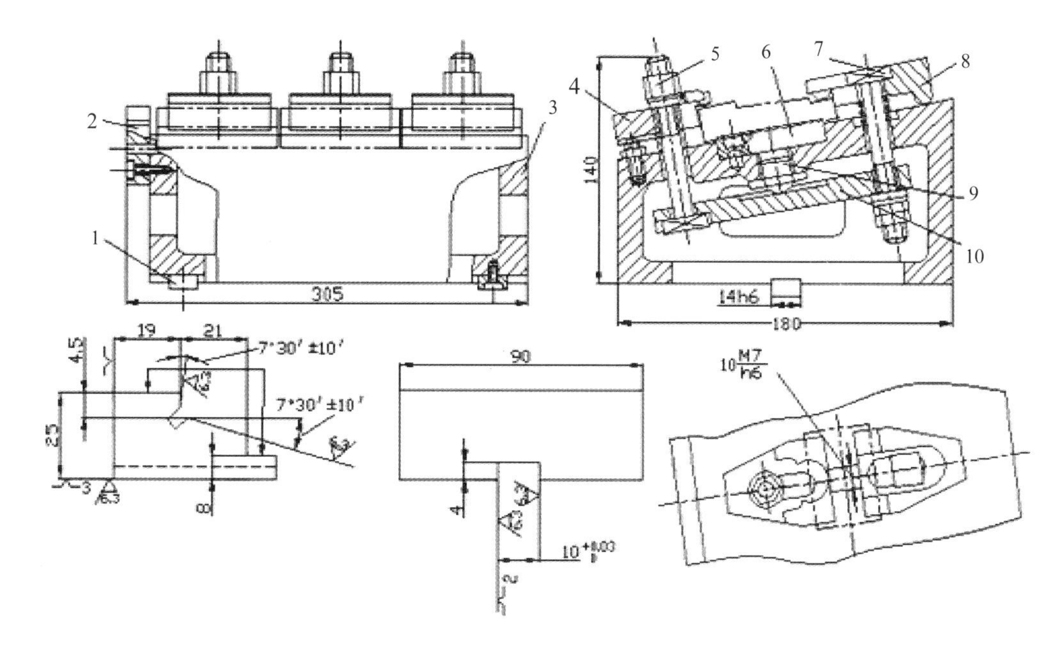

1—定位键；2—对刀块；3—夹具体；4、8—压板；5—螺母；

6—定位块；7—螺栓；9—支钉；10—浮动杠杆

图 9.2　铣垫块直角面夹具

讨论问题：

（1）连动夹紧机构有何特点？

（2）对刀块有什么作用？

（3）此夹具存在哪些问题？请提出改进措施。

3. 固定托架斜孔钻模

了解固定托架斜孔钻模的结构特点，钻模板、钻套、V 形定位块的作用。分析所夹持的零件特点。固定托架斜孔钻模如图 9.3 所示。

讨论问题：

（1）钻模板及钻套有何作用？钻套的常用类型有哪些？

（2）斜孔钻削应注意什么问题？

（3）此钻模存在哪些问题？请提出改进措施。

4. 立式镗床夹具

了解立式镗床夹具的结构特点，镗刀与镗套的作用。分析所夹持的零件特点。立式镗床夹具如图 9.4 所示。

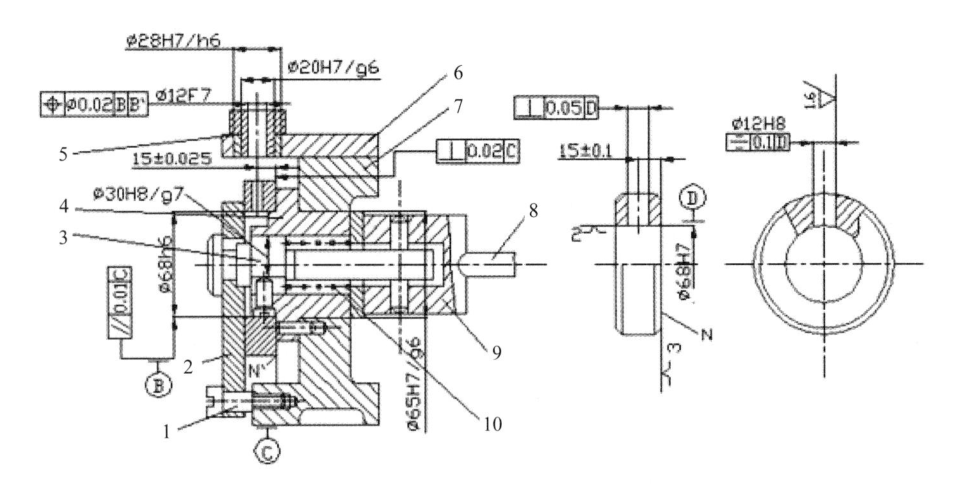

1—螺钉；2—转动开口垫圈；3—拉杆；4—定位法兰；5—快速钻套；

6—钻模板；7—夹具体；8—手柄；9—圆偏心凸轮；10—弹簧

图 9.3　固定托架斜孔钻模

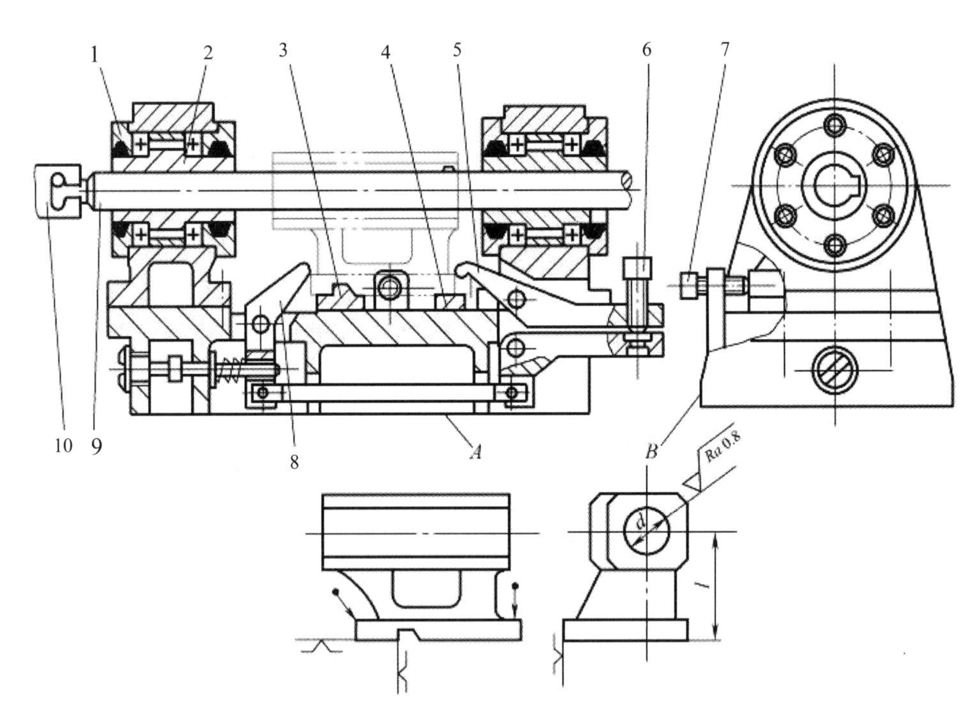

1—支架；2—镗套；3，4—定位板；5，8—压板；6—夹紧螺钉；

7—可调支承钉；9—镗杆；10—浮动卡头

图 9.4　立式镗床夹具

讨论问题：

（1）立式镗床夹具与固定托架斜孔钻模有什么共同点和不同点？

（2）立式镗床夹具在机床上如何安装及调整？

（3）此立式镗床夹具的定位设计是否合理？

5. 两点联动夹紧机构、快速螺旋夹紧机构（图 9.5）、双作用偏心夹紧机构（图 9.6）

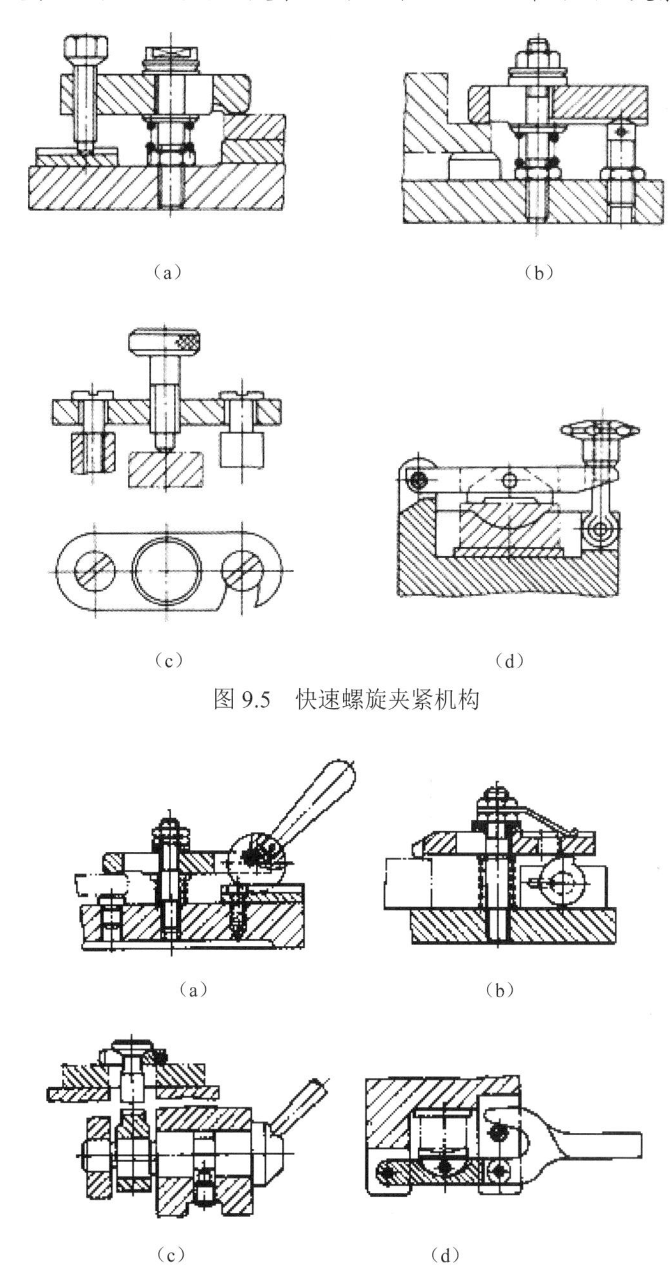

（a）　（b）

（c）　（d）

图 9.5　快速螺旋夹紧机构

（a）　（b）

（c）　（d）

图 9.6　双作用偏心夹紧机构

了解三种夹紧机构的工作原理、夹紧方式、结构特点。

讨论问题：

（1）此三种夹紧机构各有什么特点？

（2）三种夹紧机构各用于什么夹具上较为合适？

（3）偏心夹紧机构如何自锁？

实 验 报 告

二〇　　年　　月　　日

实验名称：典型夹具的定位与夹紧分析

班级：__________　姓名：__________　同组人：__________

指导教师评定：__________　签名：__________

一、实验目的：

二、实验步骤：

三、实验内容：

四、实验结果：

1．按照机械制图要求，绘制零件的三视图。

2．根据夹具典型定位、夹紧原理，分析专用夹具的定位与夹紧原理。

3．在零件的三视图中标注定位及夹紧符号。

实验十　组合夹具拼装设计

一、实验目的

1. 巩固课堂上所学到的理论知识，加深对理论知识的理解。
2. 了解组合夹具的结构特点，分析定位原理和夹紧方法。
3. 学会组合夹具的拼装方案设计及组装过程。

二、实验内容

1. 车床加工组合夹具拼装及测量
（1）根据所给零件设计组合夹具拼装方案。
（2）选取车床用组合夹具基础件。
（3）选取相关定位件。
（4）选取相关夹紧件。
（5）进行组合夹具拼装。
（6）测量拼装的组合夹具加工精度及计算加工误差。
（7）绘制出组合夹具的装配草图、分析工件的定位、夹紧元件及夹紧机构。
2. 铣床加工组合夹具拼装及测量
（1）根据所给零件设计组合夹具拼装方案。
（2）选取铣床用组合夹具基础件。
（3）选取相关定位件。
（4）选取相关夹紧件。
（5）进行组合夹具拼装。
（6）测量拼装的组合夹具加工精度及计算加工误差。
（7）绘制出组合夹具的装配草图、分析工件的定位、夹紧元件及夹紧机构。
3. 钻床加工组合夹具拼装及测量
（1）根据所给零件设计组合夹具拼装方案。
（2）选取钻床用组合夹具基础件。
（3）选取相关定位件。
（4）选取相关夹紧件。
（5）选取钻模板、钻套。
（6）进行组合夹具拼装。
（7）测量拼装的组合夹具加工精度及计算加工误差。
（8）绘制出组合夹具的装配草图、分析工件的定位、夹紧元件及夹紧机构。

三、组合夹具基本概念

1. 概述

夹具，尤其是机床夹具，在机械制造中应用很广。由机床夹具和机床、刀具、工件组成的加工工艺系统，能够根据工艺要求，迅速实现工件的定位和夹紧，并在加工过程中保持它们之间的正确相对位置。使用夹具，可提高劳动生产率和加工精度。

夹具是重要的机械制造工艺装备，其主要作用包括：

（1）提高加工精度和保证产品质量。

（2）提高劳动生产率和降低加工成本。

（3）扩大机床的工艺范围。

（4）减轻工人的劳动强度。

现代的组合夹具是伴随着大批大量生产的发展而出现的，早期的夹具为专用夹具。随着近代工业不断发展，产品不断更新换代，零件的结构和尺寸参数亦发生变化，原有的专用夹具就要报废，必须设计新的专用夹具，显然，在经济上和生产周期上是非常不合理的。为解决这个问题，从 20 世纪 40 年代开始，科技人员就着手研制能够适合单件小批量和成批生产的可多次重复使用的夹具，即组合夹具。

组合夹具的使用范围十分广泛。从不同生产类型讲，由于组合夹具灵活多变和便于使用，它最适合品种多、产品变化快、新产品试制和小批量的轮番生产。对成批生产的工厂，也可利用组合夹具代替临时短缺的专用夹具，以满足生产要求。大批生产的工厂也可在工具车间、机修车间和试制车间使用组合夹具。近年来，随着组合夹具组装技术的提高，不少工厂也在成批生产中使用组合夹具，效果也较好。

组合夹具一般是为某一工件的某一工序组装的专用夹具，也可以组装成通用可调夹具或成组夹具。组合夹具适用于各类机床，但以钻模和车床夹具用得最多。

组合夹具把专用夹具的设计、制造、使用、报废的单向过程变为组装、拆散、清洗入库、再组装的循环过程。可用几小时的组装周期代替几个月的设计制造周期，从而缩短了生产周期；节省了工时和材料，降低了生产成本；还可减少夹具库房面积，有利于管理。

组合夹具的元件精度高、耐磨，并且实现了完全互换，元件精度一般为 IT6～IT7 级。用组合夹具加工的工件，位置精度一般可达 IT8～IT9 级，若精心调整，可以达到 IT7 级。

由于组合夹具有很多优点，又特别适用于新产品试制和多品种小批量生产，因此近年来发展迅速，应用较广。组合夹具的主要缺点是体积较大，刚度较差，一次投资多，成本高，这使组合夹具的推广应用受到一定限制。

组合夹具分为槽系和孔系两大类。槽系组合夹具元件间靠键和槽（键槽和 T 形槽）来定位，孔系组合夹具则是通过销和孔来实现元件的定位。图 10.1 所示是槽系组合夹具，图 10.2 所示是孔系组合夹具。

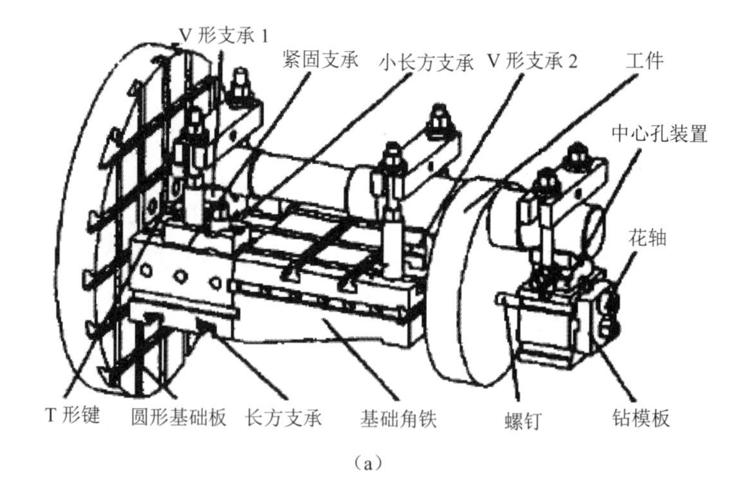

（a）

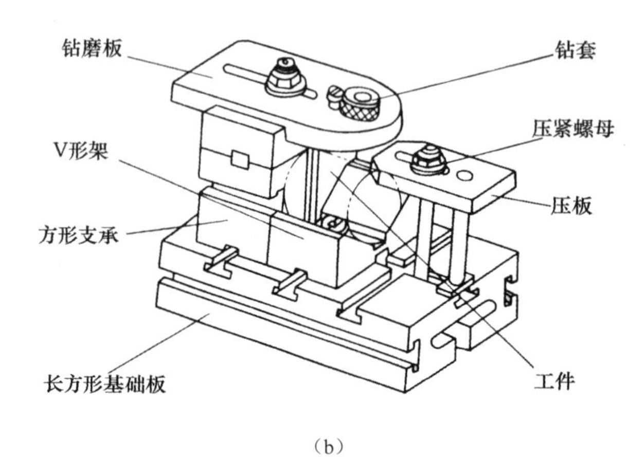

（b）

图 10.1　槽系组合夹具

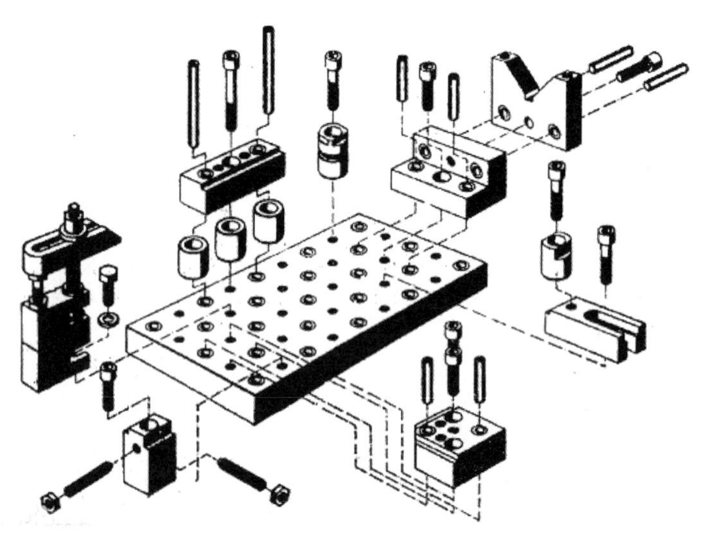

图 10.2　孔系组合夹具

2. 元件类别及用途（表 10.1）

表 10.1　元件类别及用途

序号	类别	作用	序号	类别	作用
1	基础件	夹具的基础元件	5	压紧件	作压紧元件或工件的元件
2	支承件	作夹具骨架的元件	6	紧固件	作紧固元件或工件的元件
3	定位件	元件间定位和工件正确安装用的元件	7	其他件	在夹具中起辅助作用的元件
4	导向件	在夹具上确定切削工具位置的元件	8	合　件	用于分度、导向、支承等的组合件

第一类，基础件。基础件是组合夹具中最大的元件，通常用作组装夹具的基础，通过它把其他元件连接在一起，成为一套夹具。基础件按其形状特征可划分为正方形、长方形、圆形等，如图 10.3 所示。

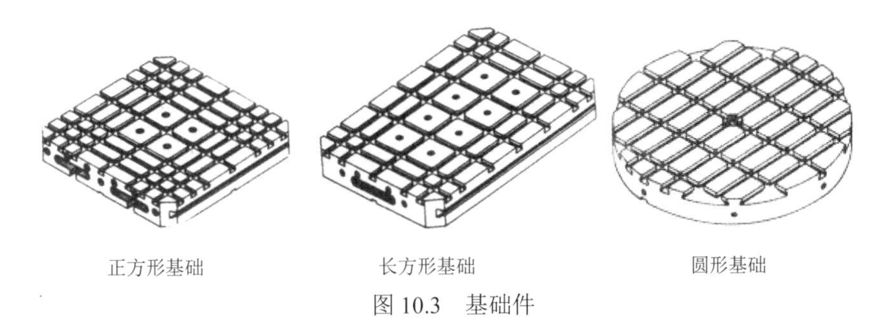

图 10.3　基础件

第二类，支承件。支承件是组合夹具中的骨架元件，它在夹具中起到上下连接的作用，即把上面的支承件、定位件、导向件等元件通过它与其下面的基础件连成一体。支承件包括各种垫片、垫板、支承、角铁、V 形角铁、伸长板和菱形板等，如图 10.4 所示。

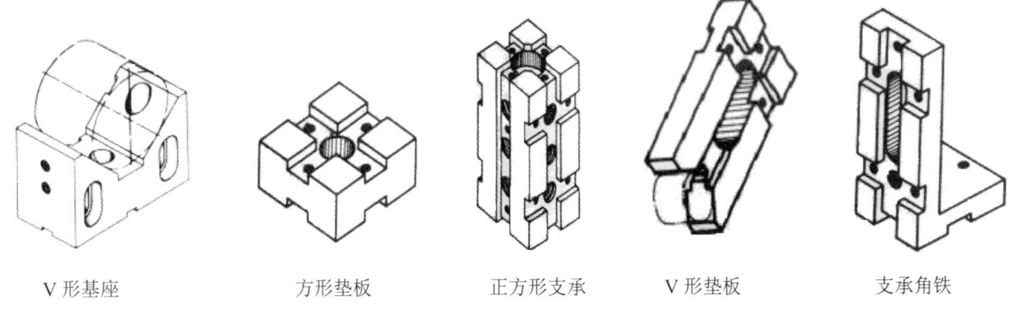

图 10.4　常用的支承件

第三类，定位件。定位件用于保证夹具中各元件的定位精度和连接强度及整个夹具的可靠性，并用于被加工工件的正确安装和定位。定位件有定位键、定位销、定位盘、角度定位件、定位支承、定位板、V 形件和顶尖等元件。图 10.5 给出了一些常用的定位元件外形结构。

第四类，导向件。导向件用于保证切削刀具的正确位置，加工时起到引导刀具的作用，它主要用于钻、扩、铰、镗及攻丝等工序的夹具。有的导向件可作为工件定位，有的可作为组合夹具系统中元件的导向工具。导向件包括各种钻模板、钻套、铰套和导向支承等。图 10.6 所示为几种常见钻模板的样式。

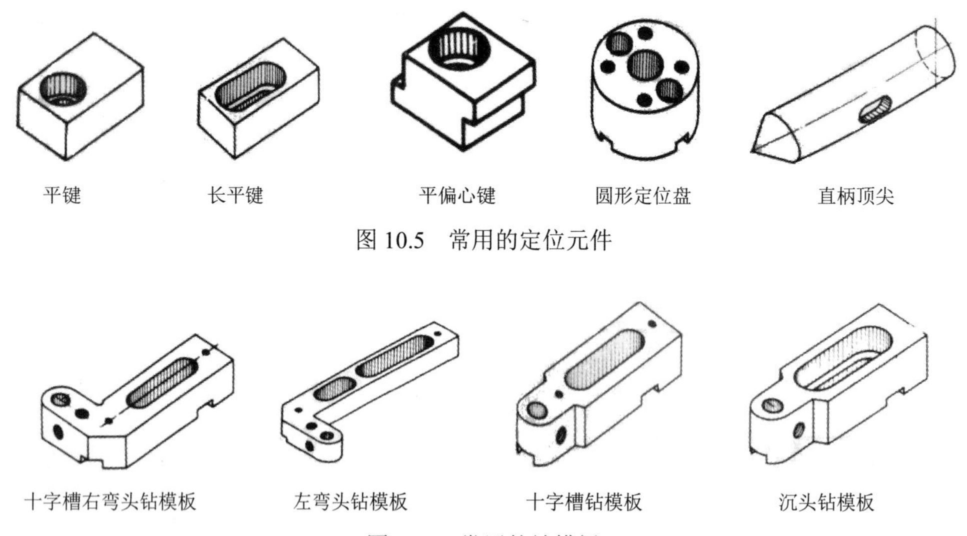

图 10.5 常用的定位元件

图 10.6 常用的钻模板

第五类，压紧件。压紧件主要用于将工件压紧在夹具上，以保证工件定位后的正确位置在切削力的作用下保持不变。压紧件有平面压紧件、回转压紧件、压块、异形压紧件等类型。具体结构可参考图 10.7。

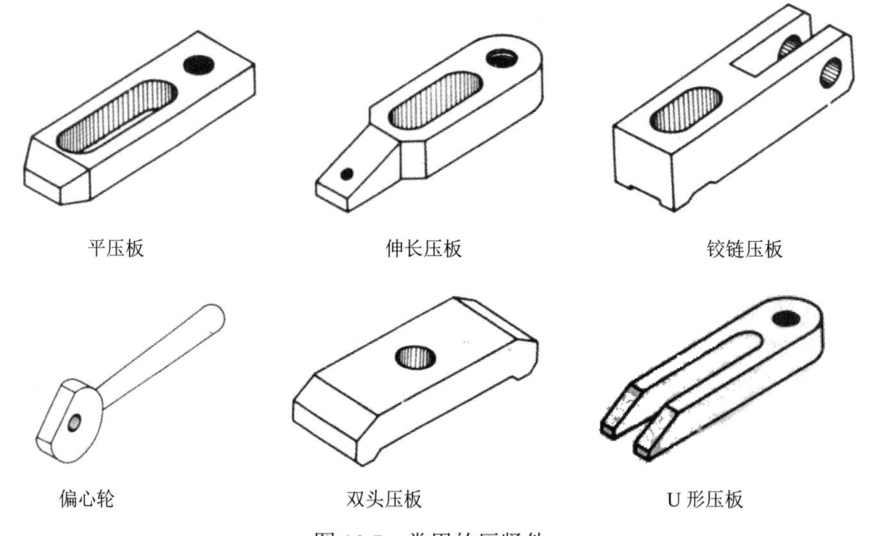

图 10.7 常用的压紧件

第六类，紧固件。紧固件主要用于连接组合夹具中的各种元件及紧固被加工工件。紧固件可分为螺栓、螺钉、垫圈和螺母等，如图 10.8 所示。

第七类，其他件。其他件主要作为夹具辅助元件使用，虽然这类元件大多数结构简单，但充分利用好这些元件，可以改善夹具结构，提高夹具的工作效率。其他件包括连接板、平衡块、回转板等元件，如图 10.9 所示。

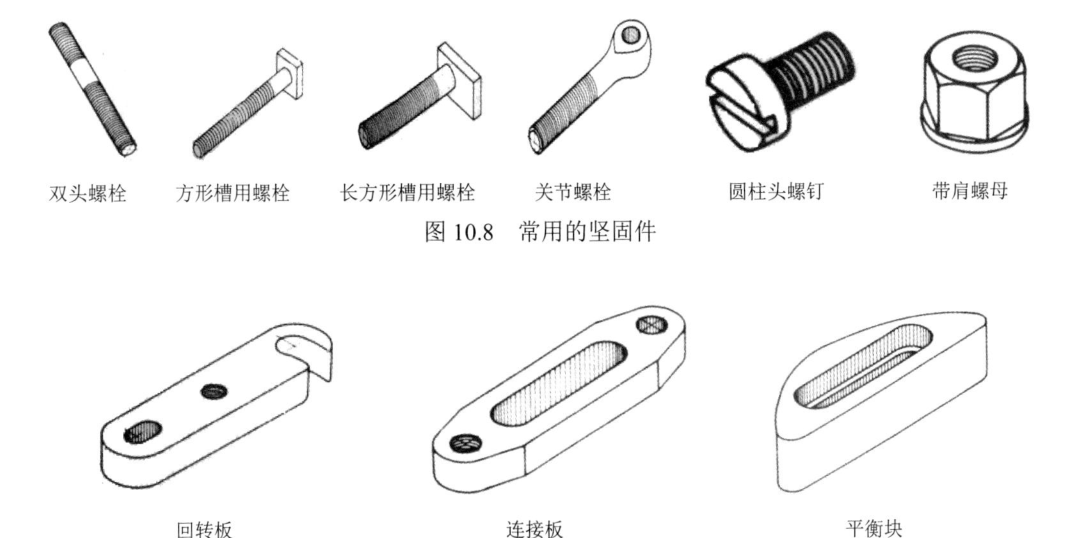

图 10.8　常用的坚固件

图 10.9　常用的其他件

第八类，合件。合件由若干零件装配而成，一般在使用中不再拆卸。它能提高组合夹具的万能性，扩大使用范围，加快组装速度，简化夹具结构等。常用的合件如图 10.10 所示。

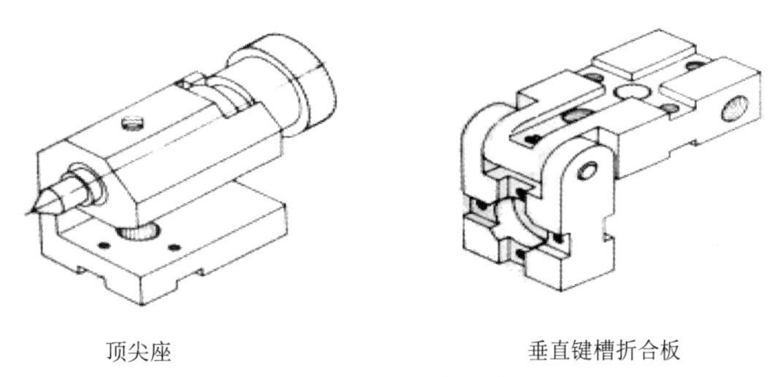

图 10.10　常用的合件

四、实验设备

1．组合夹具基础件、支承件、定位件、导向件、压紧件、紧固件、其他件。
2．游标卡尺、千分尺、千分表等测量工具。

五、实验步骤

1．根据所给定的零件设计一种组合夹具的拼装方案。
2．根据设计的组合夹具的拼装方案选取相关组合夹具元件。
3．分组进行组合夹具的拼装。
4．检测所拼装的组合夹具并计算加工误差。

实 验 报 告

二〇　　年　　月　　日

实验名称：组合夹具拼装设计

班级：__________　姓名：__________　同组人：__________

指导教师评定：__________　签名：__________

一、实验目的：

二、实验原理：

三、实验设备：

四、实验步骤：

五、实验结果：

根据以下回转式钻模参考图完成下面的任务。

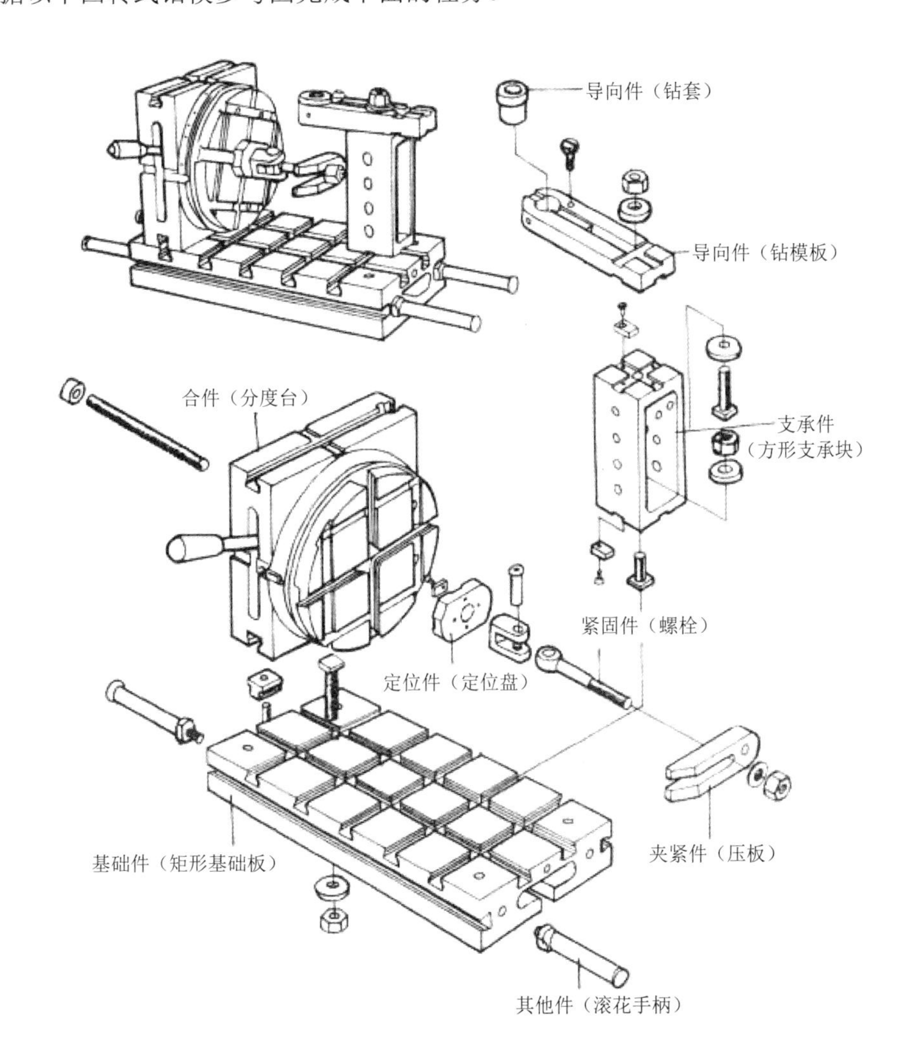

1．按照机械制图要求，绘制零件的三视图。

2．根据组合夹具设计拼装结果，分析夹具的定位与夹紧原理。

3．在零件的三视图中标注定位及夹紧符号。

参 考 文 献

[1] 王先逵．机械制造工艺学[M]．2 版．北京：机械工业出版社，2007.

[2] 刘守勇．机械制造工艺学与机床夹具[M]．2 版．北京：机械工业出版社，2011.

[3] 韩荣第．金属切削原理与刀具[M]．3 版．哈尔滨：哈尔滨工业大学出版社，2007.

[4] 秦国华，路冬．机械制造技术[M]．2 版．北京：国防工业出版社，2009.

[5] 戴曙．金属切削机床[M]．北京：机械工业出版社，2013.

[6] 黄鹤汀，吴善元．机械制造技术[M]．北京：机械工业出版社，2004.

[7] 冯辛安．机械制造装备设计[M]．北京：机械工业出版社，2006.

[8] 黄鹤汀．金属切削机床（上、下）[M]．北京：机械工业出版社，1998.

[9] 陈榕机．机械制造工艺学习题集[M]．福州：福建科学技术出版社，1985.

[10] 宁立伟．机床数控技术[M]．北京：高等教育出版社，2010.

[11] FANUC Series 0i Mate-MC 操作说明书，BEIJING-FANUC．北京发那科机电有限公司，2003.

[12] FANUC Series 0i Mate-TC 操作说明书，BEIJING-FANUC．北京发那科机电有限公司，2003.

[13] 李家杰．数控车床培训教程[M]．北京：机械工业出版社，2012.

[14] 李家杰．数控铣床培训教程[M]．北京：机械工业出版社，2012.

[15] 舒嵘，叶海潮，焦益群．机械制造技术基础实验指导书[M]．杭州：浙江大学出版社，2012.

读书笔记